GÉOGRAPHIE

PHYSIQUE ET POLITIQUE

DE LA FRANCE

COURS COMPLET DE GÉOGRAPHIE

A L'USAGE DES ÉTABLISSEMENTS D'ENSEIGNEMENT SECONDAIRE

RÉDIGÉ

Conformément aux programmes officiels de 1885

GÉOGRAPHIE

PHYSIQUE ET POLITIQUE

DE LA FRANCE

CONTENANT

25 cartes et 37 figures intercalées dans le texte

PAR

M. H. PIGEONNEAU

PROFESSEUR A LA FACULTÉ DES LETTRES DE PARIS
VICE-PRÉSIDENT DE LA SOCIÉTÉ DE GÉOGRAPHIE COMMERCIALE

CLASSE DE QUATRIÈME

QUATRIÈME ÉDITION
ENTIÈREMENT REFONDUE

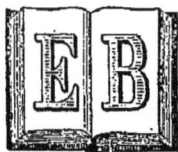

PARIS

LIBRAIRIE CLASSIQUE EUGÈNE BELIN

Vᵉ EUGÈNE BELIN ET FILS

RUE DE VAUGIRARD, N° 52

1885

Tout exemplaire de cet ouvrage non revêtu de ma griffe sera réputé contrefait.

Eug. Belin

SAINT-CLOUD. — IMPRIMERIE Vᵉ EUG. BELIN ET FILS.

CLASSE DE QUATRIÈME

GÉOGRAPHIE DE LA FRANCE

INTRODUCTION

NOTIONS GÉNÉRALES

CHAPITRE PREMIER

LES GLOBES ET LES CARTES. — NOTIONS SOMMAIRES
DE GÉOGRAPHIE ASTRONOMIQUE.

I

Le mot *géographie* signifie description de la terre.

Pour bien décrire la terre et pour la connaître, au moins dans son ensemble, il ne suffit pas d'aligner dans un ordre quelconque les noms qu'il nous a plu de donner à telle ou telle rivière, à telle ou telle montagne et à tel ou tel pays, ou même d'animer par des détails plus étendus cette aride énumération. Une promenade de quelques heures ou un bon tableau nous en apprendront mille fois plus sur un paysage que la description la plus fidèle et la plus détaillée ; le plan en relief d'une ville nous la fera beaucoup mieux connaître que le dictionnaire le plus complet de ses rues, de ses places et de ses monuments. Ce qui est vrai pour un coin de la terre ne l'est pas moins pour la terre tout entière. La géographie s'apprend par les yeux beaucoup plus que par les mots. Les globes terrestres et les cartes, qui sont à la terre ce que le tableau est au paysage, sont donc les auxiliaires indispensables de toute étude géographique, et les premières leçons de géographie doivent avoir pour but de montrer à quoi ils servent et d'apprendre à les consulter.

Forme de la terre. Les globes. — La terre a la forme d'une boule ou d'une sphère mesurant 40,000 kilomètres de tour.

Il semble tout d'abord difficile d'admettre la rotondité de la terre : quand on se trouve dans une plaine, la surface du sol paraît à peu près droite ; dans un pays de montagnes, elle se brise en lignes tortueuses, se creuse en replis plus ou moins profonds, se redresse en saillies plus moins escarpées ; rarement elle paraît former une ligne courbe : mais il ne faut pas oublier qu'un cercle qui ferait le tour du globe aurait 40,000 kilomètres de circonférence. Une fraction insignifiante de cette immense ligne courbe, 7 ou 8 kilomètres, par exemple, diffère donc bien peu d'un ligne droite.

Il est possible du reste, avec quelque esprit d'observation, de se rendre compte par soi-même de la rotondité du globe. Quand on découvre de loin, dans une vaste plaine, un édifice élevé, ou qu'on rencontre un navire en mer, on aperçoit le

Fig. 1. — Courbure de la terre.

sommet du monument avant d'en voir le pied, les mâts et les voiles du vaisseau avant d'en distinguer la coque. Ce fait ne peut s'expliquer que par la courbure de la terre ; car, sur une surface plate, on apercevrait en même temps toutes les parties de l'édifice ou du navire. Enfin les voyages autour du monde ont fourni une démonstration plus évidente encore. En partant d'un point quelconque de la surface terrestre et en marchant toujours dans la même direction on finit par revenir au point de départ. La terre est donc une sphère (1), et les globes terrestres en reproduisent exactement la forme, mais dans des proportions très-réduites, puisqu'un globe de 4 mètres de tour ne représenterait que la deux cent cinquante millionième partie du volume de la terre.

(1) Cette sphéricité n'est pas parfaite. La terre est légèrement aplatie aux deux pôles, et légèrement renflée à l'équateur.

Les cartes planes. — Toutefois, les globes sont des instruments coûteux, difficiles à manier, et dont les dimensions ne permettent pas de donner assez de développement à la géographie particulière des diverses contrées ; aussi, pour toute étude de détail, est-il nécessaire de les remplacer par des cartes planes.

Ces cartes sont moins chères et plus commodes pour l'étude : on peut en varier à l'infini les dimensions et l'échelle (1), c'est-à dire le rapport qui existe entre les longueurs mesurées sur le terrain et ces mêmes longueurs reportées sur la carte; mais elles ont aussi leurs inconvénients. Elles ne sauraient reproduire exactement la forme et les proportions véritables du globe ou de ses parties ; en effet, il est impossible d'appliquer une surface sphérique sur une surface plane, sans la déchirer et sans lui faire subir des altérations. La science est arrivée, il est vrai, par des procédés qui ne sont pas du domaine de l'enseignement élémentaire, à compenser ou à atténuer ces déformations, mais sans les supprimer complétement. Un autre inconvénient des cartes planes, c'est de ne pouvoir représenter le relief du sol que par des signes convenus, hachures ou courbes de niveau, qui n'en donnent pas toujours une idée très-nette.

Les cartes en relief. — Voilà pourquoi on a construit des cartes en relief qui reproduisent les montagnes, les plateaux et les vallées tels que nous les voyons dans la nature ; mais, le relief est presque toujours exagéré, car, sur un globe de 4 mètres de tour, les plus hautes montagnes, celles qui dépassent 8000 mètres, seraient représentées, en conservant les proportions réelles, par un grain de poussière épais d'un demi-millimètre et sur une carte en relief de la France à l'échelle du huit cent millième (un mètre pour 800 kilomètres), le mont Blanc n'aurait que six millimètres de haut.

Construction des cartes. — La construction des cartes exige l'emploi de procédés et d'instruments, dont la mise en œuvre suppose des connaissances spéciales; cependant on peut la réduire à une méthode élémentaire et facile à comprendre. Supposons qu'on veuille lever le plan (2), ou, ce qui

---

(1) — *Exemple.* Dans une carte à l'échelle du deux cent-millième une longueur de 200 kilomètres, prise sur le terrain, sera représentée sur la carte par une longueur d'un mètre.

(2) On donne le nom de plan à des cartes très-détaillées et dressées à une très-grande échelle.

revient au même, tracer la carte d'un village. On commencera par choisir un point central, l'église, la mairie ou tout

Plan à l'Échelle du dix-millième — (1 centimètre pour 100 mètres.) (1)

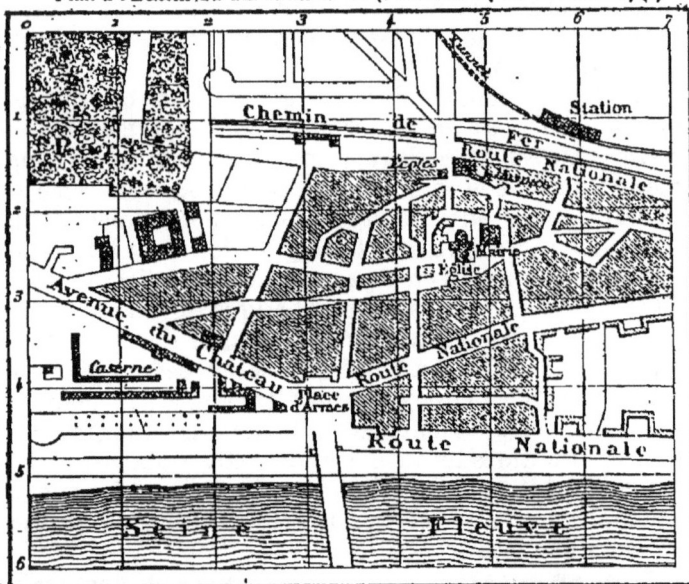

Carte à l'Échelle du quarante millième (2 millimètres et demi pour 100 m.)

Carte à l'Échelle du deux cent quatre-vingt millième (3 dixièmes et demi de millimètre pour 100 m.)

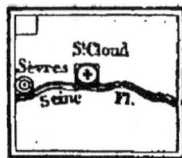

Carte I.

(1) Ce plan est celui de la petite ville de Saint-Cloud (département de Seine-et-Oise) telle qu'elle existait avant d'avoir été brûlée par les Prussiens du 5me corps, du 26 au 30 janvier 1871.

autre, on mesurera exactement la superficie qu'occupe l'édifice et on la reportera sur la carte, en la réduisant au millième, au deux millième, etc., suivant l'échelle qu'on aura choisie. Autour de ce point central, on groupera peu à peu les autres édifices, les rues, les places, les routes, les cours d'eau, s'il y a lieu, en ayant soin d'observer exactement les mêmes proportions, et d'indiquer avec non moins de scrupule la direction des rues, ou des routes, et la situation des édifices, par rapport au point central une fois déterminé.

Si l'échelle était plus petite, au quarante ou cinquante millième, au lieu de dessiner la forme de l'édifice, on ne pourrait plus l'indiquer que par un point, qui en marquerait l'emplacement sans en reproduire les contours ; et à l'échelle d'un trois cent-millième, le village lui-même ne serait plus qu'un point par rapport à l'ensemble de la carte. (*Voir la carte* I, plan de St-Cloud.)

L'opération que nous venons de décrire présenterait de graves difficultés et peu de chances d'exactitude si on se bornait, comme nous l'avons supposé, à prendre pour base un point unique auquel on serait obligé de rapporter toutes les mesures, et les embarras grandiraient en proportion de l'espace qu'on essaierait de reproduire. On diminuerait de beaucoup les chances d'erreur en traçant d'avance une sorte de canevas, en divisant par exemple, le terrain au moyen de jalons plantés de distance en distance et dessinant des lignes droites qui se couperaient comme les cases d'un damier, et que l'on reproduirait sur le papier à une échelle réduite. On multiplierait ainsi les points de repère et on rendrait le travail à la fois plus facile et plus exact.

Les cercles géographiques. Leur origine. — Tel est l'usage des lignes droites ou courbes que nous voyons tracées sur tous les globes et sur toutes les cartes et que nous chercherions vainement dans la nature, mais qui servent, pour ainsi dire, de jalons et qui dessinent le canevas d'après lequel on groupe dans leur situation réelle les divers points de la surface terrestre. Ces lignes ont été déterminées avec l'aide d'une science intimement unie à la géographie, l'*astronomie*, qui s'occupe du mouvement des astres, c'est-à-dire des étoiles, du soleil, de la lune, de la terre et des autres planètes.

II

Mouvements vrais de la terre. Rotation et translation (déplacement). — Les anciens croyaient la terre immobile au centre de l'univers, qu'ils se représentaient comme une immense sphère creuse entraînant dans son mouvement de rotation le soleil, les étoiles et les autres corps lumineux, destinés à éclairer notre globe. Ce que nous appelons le ciel, c'est-à-dire l'espace infini où se meuvent les astres,

1.

n'est pas une sphère : la terre n'en occupe pas le centre:
enfin, elle n'est pas immobile comme se le figuraient les anciens. Suspendue dans l'espace, sans point d'appui, comme la
lune, le soleil et les étoiles, elle
tourne sur elle-même en vingt-
quatre heures. En même temps
qu'elle accomplit ce mouvement de *rotation*, elle se déplace dans le ciel et décrit
autour du soleil une immense
ligne courbe qui diffère peu
d'un cercle, bien qu'elle soit
un peu plus allongée; on
l'appelle *écliptique* ou *orbite
terrestre*. Il faut à la terre un
peu plus de 365 jours, c'est-
à-dire une année, pour par-

Fig. 11. — La terre éclairée par le soleil.

courir l'orbite entière et pour revenir à son point de départ,
et, cependant elle marche avec une vitesse de 30 kilomètres
par seconde, soixante fois plus vite qu'un boulet de canon !

La lune. Jours. Mois. Saisons. — La terre et les
autres corps célestes qui tournent autour du soleil dont le
volume est 1,280,000 fois plus considérable que celui de
notre globe, sont les *satellites* de cet astre. La terre a aussi
un satellite, la *lune,* qui tourne autour d'elle en trente jours
moins quelques heures.

Le mouvement de rotation de la terre en 24 heures, détermine les jours et les nuits, suivant qu'elle présente aux rayons
solaires l'une ou l'autre de ses faces : les différentes positions
qu'elle occupe par rapport au soleil dans sa course annuelle
autour de cet astre déterminent les saisons : enfin la révolution de la lune autour de la terre a servi à mesurer les mois.

Mouvements apparents du soleil. — Il y a
à peine deux siècles et demi que le grand astronome Galilée a
démontré d'une manière complète les vrais mouvements de
la terre inconnus ou contestés jusqu'alors. Les apparences
sont en effet contraires à la réalité. Quand on s'en rapporte
seulement au témoignage des yeux, il semble que le soleil et
les étoiles tournent en 24 heures, d'orient en occident, autour
de la terre qui paraît immobile, et que le soleil se déplace en
outre sur la sphère céleste dont il n'occupe pas toujours le
même point. Voilà pourquoi l'antiquité et le moyen âge

ignorant ce que la science moderne est parvenue à découvrir, ont adopté ces expressions que nous employons encore : la marche du soleil, le coucher et le lever des astres. Cette illusion est due aux véritables mouvements de la terre qui s'opèrent d'occident en orient, dans le sens opposé à celui de la marche apparente des astres.

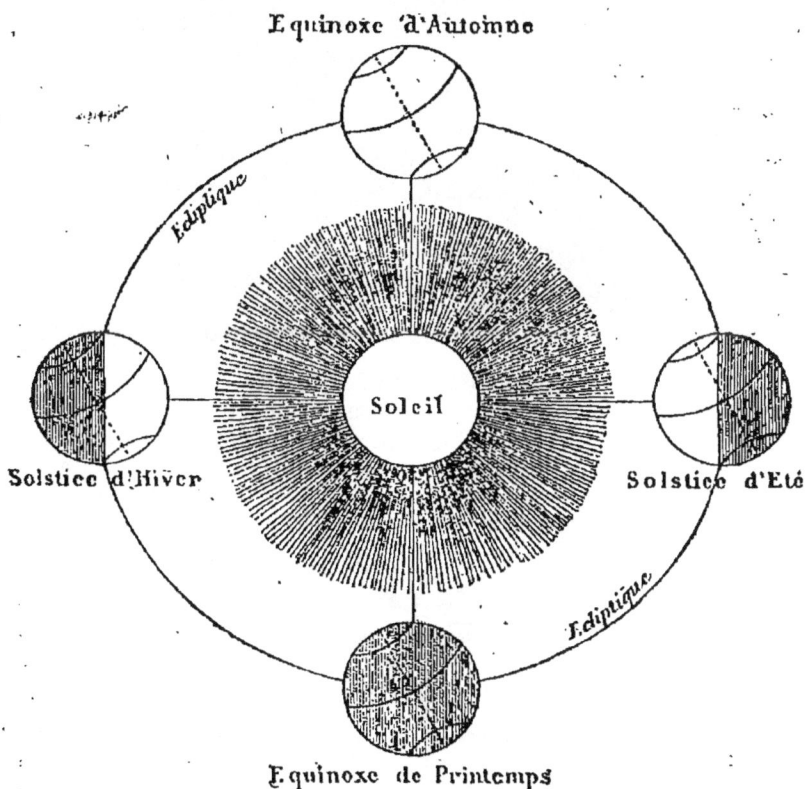

Fig. III. — Orbite terrestre. — (On n'a pas observé dans cette figure les proportions réelles de la distance de la terre au soleil, ni celles de la grosseur du soleil qui est 1,280,000 fois plus gros que la terre).

A l'exception des corps célestes que l'on appelle *planètes* et qui se déplacent comme la terre, les étoiles et le soleil restent toujours au même point du ciel et ne se lèvent ni ne se couchent. L'homme entraîné dans la marche de la terre ressemble au voyageur emporté par un bateau à vapeur sur une rivière tranquille : le bateau, c'est la terre : la rivière, c'est l'orbite qu'elle décrit dans le ciel; les arbres et les maisons qui paraissent s'enfuir dans le sens opposé à la marche du navire, ce sont les étoiles et le soleil devant lesquels nous passons et qui nous semblent passer devant nous.

Axe de la terre. Pôles. — Le mouvement de rotation de la terre sur elle-même paraît s'opérer autour d'une ligne immobile qui la traverserait en passant par son centre : on a donné à cette ligne imaginaire le nom d'*axe* ou pivot de la terre, à ses deux extrémités, celui de *pôles*. L'un a

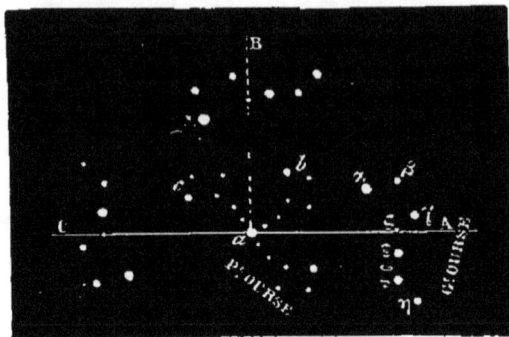

Fig. IV. — Constellation de la Grande-Ourse.

été nommé pôle *arctique*, parce que si on prolongeait dans l'espace l'axe terrestre, il irait passer non loin d'une étoile toujours visible dans notre hémisphère qui a reçu le nom d'étoile polaire, et qui fait partie d'une constellation appelée par les anciens Grecs *arctos* (petite Ourse). On l'appelle aussi pôle *boréal* du nom que les anciens donnaient au vent du nord (Borée), ou pôle *nord*. Le pôle opposé porte le nom de pôle *antarctique*, pôle *austral* (Auster, vent du sud), ou pôle *sud* (*Voir la figure 7*).

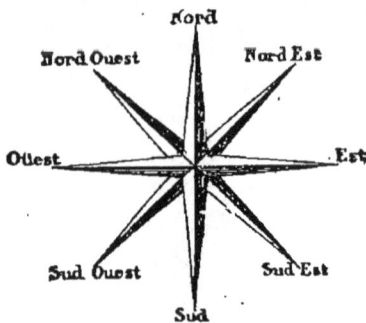

Fig. V. — Points cardinaux.

Points cardinaux. — Le point de l'horizon (1) qui correspond au pôle arctique s'appelle le *nord* ou *septentrion*, celui qui correspond au pôle opposé, le *sud* ou le *midi*. Quand

(1) On appelle horizon d'un lieu le grand cercle qui semble former la ligne de séparation entre le ciel et la terre et qui borne la vue de l'observateur, en supposant qu'elle ne rencontre pas d'obstacles, quand il se tourne successivement vers les quatre points cardinaux.

un observateur tourne le dos au pôle sud et regarde le pôle nord, le côté où les astres paraissent se lever est à sa droite, celui où ils paraissent se coucher est à sa gauche : ces deux derniers points ont reçu le nom d'*est* ou *orient* (levant) et d'*ouest* ou *occident* (couchant). Tels sont les quatre points *cardinaux* ou fondamentaux.

Entre les quatre points cardinaux on peut en imaginer une foule d'autres intermédiaires, tels que le sud-ouest entre le sud et l'ouest, le sud-est entre le sud et l'est, le nord-est, le nord-ouest, le nord-nord-ouest, etc.....

Détermination des points cardinaux. — La boussole. — Pour déterminer sur le terrain, sinon très exactement, du moins d'une manière approximative, le nord et, par conséquent, les autres points cardinaux, on peut s'orienter, pendant le jour, d'après le point où le soleil se lève et celui où il se couche, pendant la nuit d'après les deux constellations appelées *grande Ourse* et *petite Ourse* qui aideront à trouver l'étoile polaire, reconnaissable

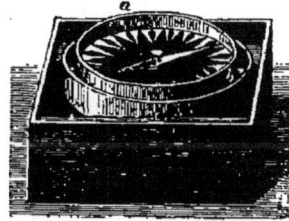

Fig. VI. — Boussole marine.

à son éclat et située à peu de distance de la dernière étoile de la queue de la petite Ourse.

Si le ciel est couvert, on sera obligé de recourir à la *boussole*, aiguille aimantée, suspendue sur un pivot et qui dirige toujours une de ses pointes vers le nord. Toutefois la boussole subit des déviations variables avec les temps et les lieux, et connues sous le nom de *déclinaison*. Il peut donc se faire qu'au lieu d'indiquer exactement le nord la pointe se détourne plus ou moins à l'ouest ou à l'est. Outre les oscillations régulières, la boussole éprouve des variations accidentelles qui se produisent brusquement et qui tiennent à certaines perturbations du sol ou de l'atmosphère (éruptions volcaniques, orages) et à d'autres causes encore mal définies.

III

Les méridiens. — L'axe de la terre et les pôles une fois déterminés, supposons que la masse du globe se compose d'une matière molle, comme du beurre ou du mastic : choisissons une surface mince et plane, une lame de verre, par exemple, ou une feuille de métal et faisons-la pénétrer dans l'intérieur du globe, de manière à ce qu'elle le coupe en passant par les deux pôles : cette lame tracera à la surface un grand cercle qui aura pour centre le centre même de la sphère. Comme on peut varier à l'infini la position de la surface pénétrante on obtiendra un nombre illimité de grands cercles égaux, faisant le tour de la sphère, passant par les deux pôles et se coupant tous suivant une ligne verticale (1) qui n'est autre que l'axe du globe. Les côtes d'un melon ou celles d'une orange peuvent donner une idée de cette disposition (*Voir la figure* 7).

On a donné à ces grands cercles le nom de *méridiens* c'est-à-dire lignes de *midi*. En effet, grâce à la rotation de la terre qui, en 24 heures, présente successivement aux rayons du soleil toutes les parties de sa surface, il est midi ou minuit au même instant pour tous les points situés sur un même cercle, midi pour ceux qui appartiennent à la moitié qu'éclaire le soleil, minuit pour celle qui est plongée dans l'ombre. C'est donc en observant le mouvement de rotation de la terre sur elle-même qu'on a déterminé la situation des deux pôles, celle des points cardinaux, et le tracé des méridiens.

L'équateur. Les équinoxes. — C'est par des observations analogues faites sur le mouvement de déplacement ou de translation de la terre autour du soleil qu'on a été conduit à tracer d'autres lignes qui viennent couper les premières et qui complètent le canevas de la carte du globe. On a remarqué que l'axe de la terre est incliné par rapport à l'orbite terrestre. Si l'axe de notre globe ne penchait ni à droite ni à gauche, la durée des jours égalerait celle des nuits pendant toute l'année, il n'y aurait pas de saisons et le soleil enverrait toujours à chaque partie du globe la même quantité de lumière et de chaleur. C'est l'inclinaison de l'axe terrestre qui produit l'inégalité des jours et des nuits et la variété des saisons. Deux fois seulement en une année, au moment où le soleil paraît passer dans le ciel à distance égale des deux pôles, la durée des jours est la même que celle des nuits dans toutes les parties de la terre. On a donné à ces deux points le nom d'*équinoxes* (moment où les nuits sont égales), et par les points qui correspondent sur la surface du globe à ceux que le soleil

_____

(1) On appelle ligne *verticale* la ligne droite que suit un corps abandonné à lui-même et tombant à terre par l'effet de sa pesanteur.

occupe dans le ciel à cette époque de l'année, on a fait passer un grand cercle nommé *ligne équinoxiale* ou *équateur* (d'un

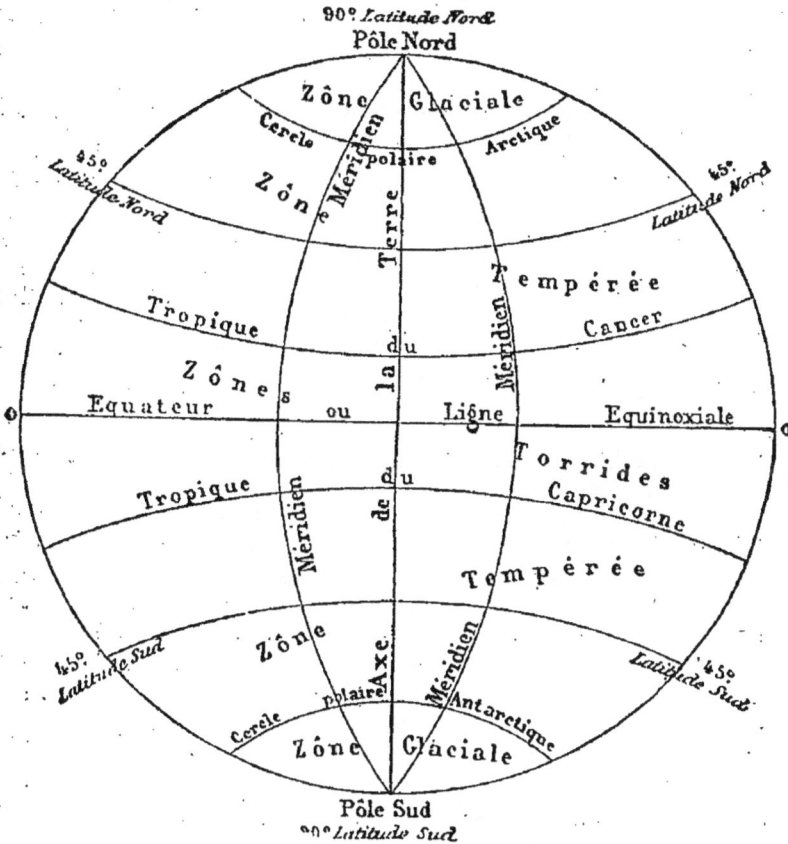

Fig. VII. — La sphère terrestre.

mot latin qui signifie égaliser). Ce grand cercle situé à distance égale des deux pôles coupe la terre par la moitié et la divise en deux *hémisphères* ou moitiés de sphère, l'un austral, l'autre boréal.

Les tropiques. Les solstices. — Grâce à l'inclinaison de l'axe et à l'angle que l'orbite terrestre fait avec l'équateur, le soleil paraît tour à tour monter vers le pôle nord et redescendre vers le pôle sud. Quand il semble passer au dessus de l'équateur, en venant de l'hémisphère austral et en se dirigeant vers l'hémisphère boréal, le printemps commence pour la région du nord, l'automne pour celle du midi, et les rayons solaires éclairent à la fois les deux pôles : c'est le moment de l'équinoxe du printemps. A mesure qu'il s'élève dans l'hémisphère boréal, les jours grandissent au pôle nord, tandis que les nuits s'accroissent au pôle sud, et la chaleur, qui augmente dans notre hémisphère, décroît dans l'hémisphère opposé. Quand l'astre atteint le point le plus septentrional de sa course apparente, il semble s'arrêter avant de revenir sur ses pas : c'est le *solstice d'été* (1) pour l'hémisphère que nous habitons et le *solstice d'hiver* pour l'autre hémisphère. Enfin quand il paraît redescendre vers le sud et traverser de nouveau l'équateur, l'automne commence pour nous et le printemps pour l'autre moitié du globe ; le solstice d'hiver de l'hémisphère nord sera donc le solstice d'été de l'hémisphère sud.

Les deux cercles parallèles (2) à l'équateur, qui correspondent sur la surface du globe aux points où le soleil semble s'arrêter dans le ciel (solstices), c'est-à-dire aux deux points de l'orbite terrestre les plus éloignés de l'équateur, ont reçu le nom de *tropiques* (d'un mot grec qui signifie *retour*).

L'un est situé au nord de l'équateur, le tropique du *Cancer*, l'autre au sud, celui du *Capricorne*. Ces noms de *Cancer* et de *Capricorne* étaient donnés par les anciens à deux constellations que le soleil semble traverser quand il atteint le plus haut et le plus bas point de sa course apparente. (*Voir la fig.* 7.)

Cercles polaires. — Selon que le soleil, par suite de la révolution annuelle de la terre, se trouve au nord ou au sud de l'Équateur, ses rayons cessent d'éclairer les régions voisines du pôle Antarctique ou du pôle Arctique ; on a donné le nom de *cercles polaires* arctique et antarctique aux deux cercles parallèles à l'équateur, qui marquent vers chaque pôle le point où le soleil est visible pendant vingt-quatre heures consécutives au solstice d'été, et invisible pendant vingt-quatre heures au solstice d'hiver. (*Voir la fig.* 7.)

Zones. — « Les cercles polaires et les tropiques parta-
» gent la surface terrestre en cinq portions qu'on nomme
» zones, c'est-à-dire *bandes* : celles qui sont renfermées dans

---

(1) *Solstice* signifie point d'arrêt du soleil. L'équinoxe du printemps tombe du 19 au 21 mars, l'équinoxe d'automne du 21 au 23 septembre ; le solstice d'hiver a lieu vers le 21 décembre et le solstice d'été vers le 21 juin.

(2) On appelle ligne parallèle à une autre, celle dont tous les points sont situés à égale distance de cette autre ligne.

» chaque cercle polaire étant privées du soleil une partie de
» l'année, ou n'en recevant jamais les rayons que très-obli-
» quement, à cause de la courbure de la terre, ont mérité
» le nom de *zones glaciales*. Deux autres zones comprises
» dans chaque hémisphère, entre le cercle polaire et le tropi-
» que, n'ont jamais le soleil à plomb, mais reçoivent ses
» rayons moins obliquement que les zones glaciales ; ce sont
» les *zones tempérées*. Enfin, la bande circonscrite par les
» deux tropiques dont chaque point passe deux fois sous le
» soleil dans l'année, et qui reçoit toujours les rayons de cet
» astre dans une direction peu oblique, a reçu la dénomina-
» tion exagérée de *zone torride* (brûlante). — Malte-Brun.
» *Précis de géographie universelle* (*Voir la fig.* 7.)

IV

Division de la sphère en degrés. Longitudes.
— L'équateur, les méridiens, les tropiques, les cercles polaires, fournissaient déjà un certain nombre de points de
repère pour déterminer la situation relative des différentes
parties du globe; mais il était nécessaire de les rapporter à
une mesure commune. On a donc tracé sur la circonférence
de l'équateur, en prenant pour point de départ un méridien
quelconque, 360 divisions égales ou *degrés*, dont chacune se
subdivise en 60 minutes et 3,600 secondes.

Par les deux pôles, et par chacun des points où ces 360 divisions coupent l'équateur, on a fait passer 180 grands
cercles ou méridiens, ayant pour centre commun le centre
même de la sphère terrestre. On les a nommés *longitudes*.
Un degré de longitude est donc l'intervalle entre deux de ces
divisions, mesuré sur l'équateur, et la longitude d'un
lieu est l'écart qui existe entre le méridien qui passe par ce
lieu et un premier méridien convenu et choisi comme point
de départ. En France, on compte les longitudes à partir du
méridien de Paris, en Angleterre à partir du méridien de
Greenwich près de Londres, et les différents peuples ont en
général choisi comme premier méridien celui qui passe par leur

_____

(1) Pour exprimer les degrés, on se sert du signe °, pour les minutes
du signe ', pour les secondes du signe ". Exemple : 50° 25' 30" de lat. N.
se lira : cinquante degrés, vingt-cinq minutes, trente secondes de latitude nord ou septentrionale.

capitale. Sur les cartes françaises, le premier méridien est marqué 0, dans un hémisphère, 180 dans l'autre, et à partir du point marqué 0, on compte, à l'est et à l'ouest, 180 degrés de longitude orientale et 180 degrés de longitude occidentale.

Latitudes. — Les méridiens étant des cercles égaux entre eux et sensiblement égaux à l'équateur, on peut porter sur les cercles de longitude, en prenant l'équateur pour point de départ, 360 divisions égales à celles qu'on aura tracées sur l'équateur même. Par les points où ces divisions coupent les méridiens, on a imaginé de tracer 180 cercles parallèles à l'équateur, ayant leur centre sur un des points de l'axe terrestre, plus petits à mesure qu'ils se rapprochent des pôles, et dont les deux derniers sont réduits à leur point central, c'est-à-dire au point même qui marque le pôle terrestre. On les a nommés *parallèles* ou *latitudes*. Un degré de latitude sera donc la partie du méridien comprise entre deux de ces parallèles, et la latitude d'un lieu sera la distance qui le sépare de l'équateur, mesurée sur la portion du méridien qui le traverse, comprise entre l'équateur et le parallèle du lieu.

Dans tous les pays, on mesure les latitudes en partant de l'équateur (0) et en marchant vers les deux pôles ; chaque hémisphère comprend 90 degrés. On dira donc que le pôle sud est situé par 90 degrés de latitude méridionale, le pôle nord par 90 degrés de latitude septentrionale : que le tropique du Cancer est situé par 23° 27' environ de latitude septentrionale, et celui du Capricorne par 23° 27' de latitude méridionale; les deux cercles polaires par 66° 33' de latitude nord ou sud. (*Voir la fig.* 7.)

La distance entre deux degrés, mesurée soit sur l'équateur, soit sur le méridien, est d'environ 111 kilomètres (un peu moins de 28 lieues kilométriques) (1) ; mais, tandis que l'intervalle qui sépare les latitudes reste constant, sauf une légère différence produite par l'aplatissement de la terre aux pôles, l'écartement des longitudes diminue régulièrement depuis l'équateur jusqu'aux pôles, où il est réduit à zéro, puisque tous les méridiens viennent s'y rencontrer.

Différents noms et orientation des cartes. — La division en degrés de longitude et de latitude sert de base à la construction des globes ou des cartes planes, quelle

_____

(1) La lieue kilométrique est de 4 kilomètres.

qu'en soit la dimension. Parmi ces dernières, il en est qui portent des noms particuliers. Ainsi, on appelle **mappemondes** ou **planisphères** celles qui représentent l'ensemble du globe. Comme on ne peut voir en même temps les deux faces d'une boule on est obligé ou de les dérouler et de les étaler comme une nappe (d'où vient le nom de *mappemonde*) (*Voir la carte* IV), ou de les aplatir et de les faire ensuite tourner comme autour d'une charnière, pour qu'elles se présentent à la fois sous la forme de deux cercles, reproduisant chacun un des deux hémisphères, coupés suivant un méridien quelconque. (*Voir la carte* II.)

Les **cartes** proprement dites, se bornent à indiquer à grands traits le relief du sol, les principaux cours d'eau, les voies de communication les plus importantes, les villes qui n'y sont représentées que par des points ou des figures de peu d'étendue.

On appelle **carte topographique** celle qui donne la description détaillée d'un lieu particulier ou même de tout un pays. La carte de France, à l'échelle du quatre-vingt millième, levée par les officiers de l'Etat-major, et à laquelle nous avons emprunté le plan de Saint-Cloud est une carte topographique.

Enfin un **plan** est une carte topographique à une très-grande échelle et qui reproduit dans tous ses détails une ville, une forêt ou tout autre espace restreint.

Dans les cartes ordinaires, le nord est placé en haut, le sud en bas, l'ouest à gauche et l'est à droite.

RÉSUMÉ

I

La *Géographie* est la description de la terre.

Les *globes* et les *cartes* sont indispensables à l'étude de la géographie.

Les globes seuls donnent une idée exacte de la figure de la terre, qui a la forme d'une boule ou d'une *sphère*, mesurant 40,000 kilomètres de circonférence.

Les cartes planes, au contraire, en altèrent plus ou moins les proportions réelles.

Pour construire une carte, il est nécessaire de fixer d'abord un certain nombre de points de repère et de dresser une sorte de canevas.

Tel est l'usage des lignes que nous voyons tracées sur les cartes et sur les globes : les mouvements apparents du soleil,

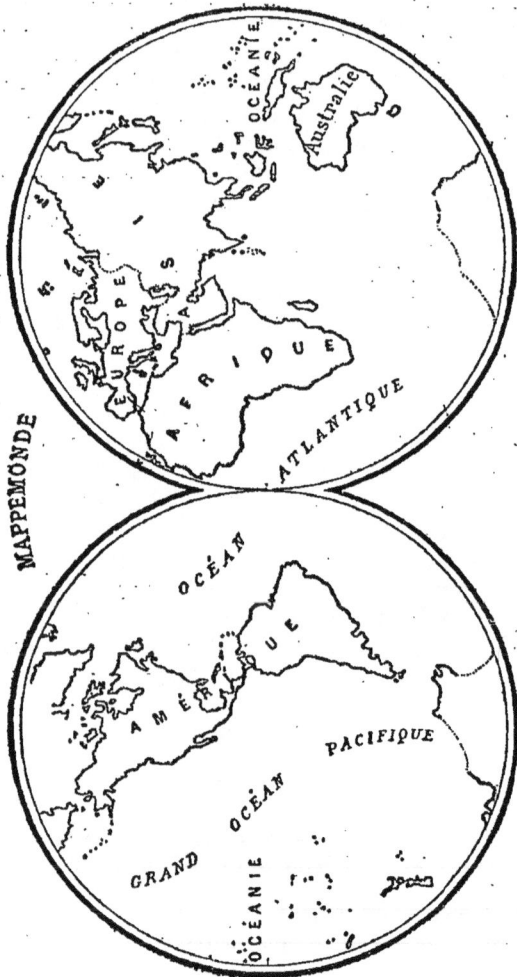

Carte II.

qui sont les mouvements vrais de la terre, ont servi de points de départ pour déterminer le tracé de ces lignes.

II

La terre tourne sur elle-même en 24 heures (mouvement d'où proviennent les *jours* et les *nuits*), et décrit en même temps autour du soleil, en 365 jours (une année), une immense ligne courbe qu'on appelle *écliptique* (mouvement qui détermine les *saisons*). Elle n'a qu'un satellite, la *lune*, qui tourne autour d'elle à peu près en un *mois*.

On a appelé *axe* du globe, la ligne imaginaire autour de laquelle semble s'opérer le mouvement de la terre sur elle-même, et *pôles* de la terre (pôle Nord ou *arctique*, et pôle Sud ou *antarctique*), les deux extrémités de cette ligne. L'axe est incliné par rapport à l'orbite terrestre.

Les *quatre points cardinaux* sont le *Nord* et le *Sud* qui correspondent aux deux pôles, l'*Est* ou *Orient* (côté ou les astres se lèvent) à droite en regardant le nord ; et l'*Ouest* ou *Occident* (côté où les astres se couchent), à gauche en regardant le nord.

III

L'inégalité des jours et des nuits, et la succession des saisons proviennent de l'inclinaison de l'axe terrestre.

On donne le nom de *méridien* à tout grand cercle qui fait le tour du globe, en passant par les deux pôles.

L'*équateur* est un grand cercle qui divise la terre en deux *hémisphères* ou moitiés de sphères, en coupant tous les méridiens à distance égale des deux pôles. Il passe par le centre de la terre et par les deux points qui correspondent sur la surface du globe à ceux que la terre occupe dans le ciel au moment des *équinoxes*.

Les deux *tropiques*, celui du *Cancer*, au nord de l'équateur, et celui du *Capricorne*, au sud, sont deux cercles plus petits que l'équateur et qui passent par les deux points correspondant, sur la surface du globe, à ceux que la terre occupe dans le ciel au moment des *solstices*.

Les *cercles polaires* sont deux cercles parallèles à l'équateur et qui terminent vers chaque pôle la partie que le soleil éclaire lorsqu'il parait passer dans l'hémisphère opposé.

Ces différents cercles divisent la terre en cinq *zones* ou bandes : une *zone torride* entre les deux tropiques ; deux *zones tempérées* entre les deux tropiques et les deux cercles polaires ; deux *zones glaciales* entre les cercles polaires et les pôles.

IV

En prenant pour bases les méridiens et l'équateur, on a divisé la surface du globe en 360 *degrés de longitude,* suivant le tracé des méridiens, et 180 *degrés de latitude,* marqués par des cercles parallèles à l'équateur. Les degrés se subdivisent en 60 *minutes,* et les minutes en 60 *secondes.*

Les longitudes se comptent à partir d'un premier méridien convenu (en France, le méridien de Paris) ; il y a 180 degrés de longitude orientale, et 180 degrés de longitude occidentale.

Les latitudes se comptent à partir de l'équateur ; il y a 90 degrés de latitude au nord de l'équateur, et 90 au sud.

La longitude d'un lieu est donc la distance qui sépare ce lieu du premier méridien, et la latitude d'un lieu, la distance qui le sépare de l'équateur.

Les lignes tracées sur les cartes sont les cercles de longitude et de latitude, l'équateur, les tropiques et les cercles polaires.

Sur les cartes ordinaires, le nord est placé en haut, le sud en bas, l'est à droite et l'ouest à gauche.

CHAPITRE II

NOTIONS GÉNÉRALES DE GÉOGRAPHIE PHYSIQUE ET POLITIQUE.

On appelle géographie *physique (naturelle)* celle qui se borne à décrire la terre telle que la nature l'a faite, et sans se préoccuper des œuvres de l'homme.

La géographie politique se propose au contraire d'énumérer et de décrire les œuvres de l'intelligence et du travail humain, les villes que l'homme a bâties, les États qu'il a fondés, les gouvernements qu'il a institués.

I

Les divisions des terres et des mers.

Superficie du globe. Les mers. — La surface du globe n'est pas lisse et régulière comme celle d'une boule polie et travaillée au tour ; elle présente des creux, des rides,

des hauteurs insignifiantes, par rapport à sa masse, et beaucoup moins sensibles que les rugosités de la peau d'une orange, mais gigantesques si nous les mesurons à notre taille.

Dans les parties les plus creuses, s'est formé un immense dépôt d'eaux salées qui couvrent près des trois quarts de la superficie du globe (1) et que l'on appelle l'*océan* ou la *mer* (2).

Les continents. Les îles. — Au-dessus des mers, qui les enveloppent de toutes parts, s'élèvent des terres d'aspect très-différent et d'étendue très-inégale : toutefois, au premier coup d'œil jeté sur une mappemonde ou sur un globe terrestre, on distingue deux grandes masses de terres séparées l'une de l'autre par l'Océan, mais dont chacune occupe une vaste portion de la superficie du globe, et que l'on appelle des *continents,* parce que ces terres se tiennent, et qu'elles ne sont nulle part complétement interrompues par la mer.

Toute terre entourée d'eau, et qui n'est pas assez grande pour mériter le nom de continent, s'appelle une *île.*

Ancien et nouveau continent. — La plus considérable et la plus anciennement connue des deux grandes divisions des terres a reçu le nom d'*ancien continent*; la plus récemment découverte par les Européens celui de *nouveau continent.*

Les cinq parties du monde. — L'ancien continent se divise en trois parties : l'*Europe,* l'*Asie* et l'*Afrique,* noms qui remontent à une haute antiquité et dont il est difficile de préciser l'origine; le nouveau n'en comprend qu'une, l'*Amérique,* ainsi nommée d'un de ses premiers explorateurs, l'Italien Améric Vespuce : mais on est convenu de regarder comme une cinquième partie du monde les terres disséminées dans l'Océan qui s'étend entre l'Amérique et l'Asie, et on les a nommées *Océanie.*

Grandes divisions des mers. — Bien que toutes les parties de l'Océan communiquent et forment une masse continue, les géographes y reconnaissent cinq divisions principales :

1° L'océan *Atlantique,* ainsi nommé du mont *Atlas,*

_____

(1) La superficie du globe est en chiffres ronds de 5,100,000 myriamètres carrés : les mers en comprennent 3,834,000; les terres 1,266,000

(2) On remarquera que l'étendue des mers est beaucoup plus considérable dans l'hémisphère austral que dans l'hémisphère boréal.

chaîne de montagnes de l'Afrique septentrionale, et limité par l'Europe et l'Afrique à l'est, l'Amérique à l'ouest;

2° L'océan *Pacifique* ou *Grand-Océan*, entre l'Amérique à l'est et l'Asie à l'ouest;

3° L'océan *Indien*, ainsi nommé d'une contrée de l'Asie, les Indes, entre l'Océanie à l'est, l'Asie au nord et l'Afrique à l'ouest;

4° L'océan *Glacial arctique*, dans la région voisine du pôle Nord;

5° L'océan *Glacial antarctique*, dans la région voisine du pôle Sud.

On appelle ces mers *glaciales*, parce que leurs eaux congelées à la surface par le froid qui règne dans le voisinage des deux pôles, sont en partie couvertes de glaces fixes que l'on appelle *banquises*, et de glaces flottantes qui atteignent quelquefois des dimensions gigantesques, et qui descendent fort loin des pôles.

II

Nomenclature géographique. Les Continents. Relief du sol.

Montagnes et collines. — Si l'on jette les yeux sur les continents, on est frappé tout d'abord de l'irrégularité de leur surface. Ici des espaces plats, là des pentes rapides, des renflements de terrain qui s'étendent parfois sur une surface immense. Les plus considérables de ces bosses, dont la hauteur n'atteint dans aucun pays du monde 9,000 mètres au-dessus de la mer (1), s'appellent des **montagnes** (2) : les moins élevées, des **collines** ou des **coteaux**.

(1) Il est impossible d'apprécier exactement le relief du sol, en se contentant de déterminer les hauteurs par rapport à la région environnante. Les noms de montagnes, de plaines, de plateaux n'ont rien d'absolu. Les montagnes ne sont en général que les sommets d'une longue pente où les derniers gradins d'un amphithéâtre, et telle colline est aussi élevée au-dessus des plaines qui l'entourent, que les cimes des plus hautes montagnes au-dessus des massifs qu'elles dominent.

On a donc choisi comme base de l'évaluation des hauteurs un niveau constant et à peu près uniforme sur toute la surface du globe, celui de la mer.

(2) On admet généralement que la terre était à l'origine une masse liquide et brûlante de matières en fusion. Peu à peu les couches supérieures se refroidirent, une croûte solide se forma, et les montagnes primitives ne furent autre chose que les sillons ou les gerçures de cette croûte analogues à celles qui se forment à la surface d'une masse de

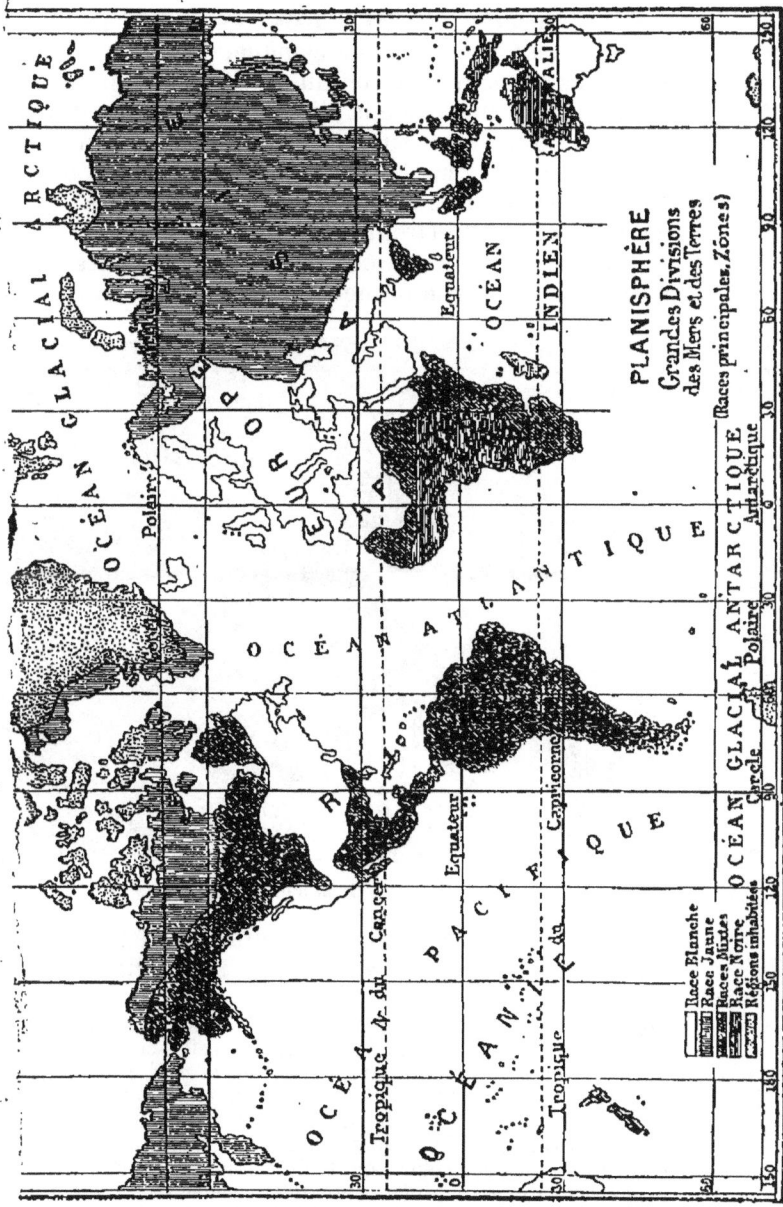

PLANISPHÈRE
Grandes Divisions
des Mers et des Terres
(Races principales. Zônes)

Race Blanche
Race Jaune
Races Mixtes
Race Noire
Régions inhabitées

Carte III.

Chaînes de montagnes. — Quand les montagnes
se prolongent sur une vaste étendue, de manière à se toucher
au moins par leur base, on dit qu'elles forment une **chaîne**.
Au-dessus du massif de la chaîne, se dressent des sommets
isolés, qui reçoivent, suivant leur forme, les noms de *pics* ou
d'*aiguilles*, s'ils finissent en pointe; de *ballons* ou de *dômes*,
s'ils présentent une forme arrondie; de *dents,* s'ils se terminent par une arête étroite et escarpée.

Volcans. — Quelques montagnes, les unes isolées, les
autres faisant partie d'une chaîne, mais s'élevant toutes en

Fig. VIII. — Cône d'éruption d'un volcan.

pain de sucre et creusées au sommet en forme d'entonnoir
ou de *cratère* (coupe), vomissent à intervalles inégaux de la

métal fondu et refroidi. A mesure que la croûte s'épaississait et pesait
sur les parties encore liquides du globe, celles-ci débordaient par les
crevasses ou soulevaient l'enveloppe solide et y déterminaient des bour-
souflures qui sont les montagnes dites de *soulèvement*. Enfin un grand
nombre de collines ou de montagnes peu élevées sont formées par les
couches successives de matières solides qui se sont déposées au fond des
mers primitives desséchées ou déplacées plus tard par les soulèvements
et les révolutions du globe. Aujourd'hui même tout porte à croire qu'à
l'exception d'une écorce épaisse de 35 à 40 kilomètres, la masse entière
du globe est encore liquide, et c'est au bouillonnement de ces matières
fluides et à la pression exercée sur elles par l'écorce solide qui se refroi-

fumée, des pierres brûlantes, des cendres, des matières en fusion que l'on appelle des *laves*; on leur donne le nom de **volcans** (1). (*Voir la figure* 8.)

Vallées et défilés. — Les montagnes et les collines sont coupées, tantôt par des brèches étroites et profondes que

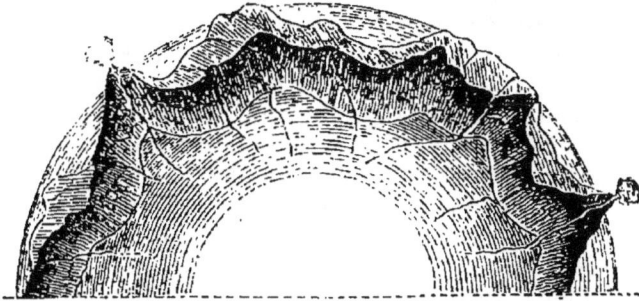

Fig. IX. — Coupe de l'intérieur du globe.

l'on appelle **défilés**, *cols*, *ports*, *pas* ou *gorges*, tantôt par des ouvertures plus larges qui portent le nom de **vallées**.

Plaines et plateaux. — Au pied ou sur la croupe des chaînes de montagnes qui sillonnent de toutes parts les continents et qui en dessinent pour ainsi dire la charpente, s'étendent de vastes espaces plats ou sans ondulations sensibles : on les nomme des **plaines**. On rencontre des plaines à toutes les hauteurs, mais quand elles sont élevées au-dessus des terres environnantes et qu'elles se terminent par un talus

dit et s'épaissit lentement, qu'on attribue les éruptions volcaniques et les tremblements de terre.

(1) « On attribue l'existence des volcans au refroidissement du globe » dont la croûte solide pèse continuellement sur les matières en fusion » qui se trouvent au-dessous d'elle, et qui la feraient éclater si les bou- » ches volcaniques ne venaient leur livrer passage. A la poussée exercée » par ces matières se joignent quelques actions particulières, telles que » l'accumulation des vapeurs souterraines sur certains points, l'arrivée » de l'eau de mer par des fissures naturelles dans les cavités où la lave » bouillonne, etc... Les volcans peuvent donc être comparés à des es- » pèces de soupapes de sûreté destinées à préserver la terre d'une » formidable explosion. » (*Lectures variées sur les sciences usuelles*, par M. Maigne. 1 vol. in-12. — E. Belin, éditeur.)

Lorsque les conduits qui faisaient communiquer une bouche volcanique avec l'intérieur du globe sont obstrués, et que le volcan cesse de vomir des laves et de la fumée, on dit qu'il est *éteint*.

On compte sur le globe plus de 200 volcans en activité.

plus ou moins escarpé, elles prennent le nom de **plateaux**.

Steppes. — Quelques-uns de ces plateaux ou de ces plaines présentent de grandes surfaces presque unies, tantôt humides, tantôt desséchées, couvertes d'herbes ou de roseaux, mais sans arbres ; on les nomme suivant les pays, *steppes, savanes, llanos* ou *pampas*.

Déserts et oasis. — D'autres enfin, qui portent le nom de *déserts*, sont des terrains pierreux ou couverts de sables, sans eau, sans autres végétaux que quelques plantes épineuses, à moins qu'une source ne permette à la végétation de se développer et ne crée dans cet océan de sable des îles de verdure que l'on nomme *oasis*.

Les côtes. — Si nous quittons l'intérieur des continents pour descendre vers le *littoral*, les *côtes* ou les *rivages*, c'està-dire vers les parties que baigne l'Océan, nous y retrouvons la même variété d'aspect, la même irrégularité de contours. Ici des *plages* ou *grèves*, côtes plates et sablonneuses ou couvertes de galets (cailloux roulés et polis par les vagues) ; des *étangs* ou *lagunes* séparées de la mer par une étroite bande de sables, qu'interrompent çà et là des ouvertures par où pénètrent les eaux de l'Océan ; ailleurs des *falaises*, espèces de murailles taillées à pic et dont le pied est rongé par les flots ; des *rochers*, des *dunes*, monticules formés d'un sable léger que les vents poussent devant eux.

Caps. Presqu'îles. Isthmes. — Tantôt la côte est droite et sans sinuosités, tantôt elle projette dans la mer des pointes que l'on nomme *caps* ou *promontoires* ; tantôt elle se prolonge par des masses plus considérables appelées *presqu'îles* ou *péninsules*, parce que la mer les entoure de toutes parts à l'exception d'un seul point où elles se rattachent au continent par une langue de terre qui a reçu le nom d'*isthme*.

III

Les eaux intérieures.

Les eaux stagnantes. Lacs. Étangs. Marécages. — Il existe à la surface du globe d'autres eaux que les mers (1) : dans l'intérieur des continents, quelquefois

(1) De la surface des mers s'élève continuellement de la vapeur d'eau que les vents emportent, qui se condense en nuages, puis qui se résout en neiges et en pluies. Les neiges s'accumulent sur les montagnes, les pluies s'infiltrent à travers le sol et s'amassent dans des cavités natu-

même à une grande hauteur, on rencontre des amas d'eaux douces, ou plus rarement salées, qui remplissent des dépressions du sol : les plus grands se nomment des **lacs**, les plus petits des *étangs*, et quand les eaux n'ont pas de profondeur et qu'elles détrempent seulement le sol de manière à former une sorte de bouillie fangeuse, elles prennent le nom de *marais* ou *marécages*.

Les eaux courantes. Fleuves et rivières. —

Quant aux *eaux courantes*, qui sont presque toutes des eaux douces et qui coulent dans un *lit* plus ou moins encaissé et sur une pente plus ou moins rapide, celles qui se jettent directement dans la mer après un cours assez long portent le nom de **fleuves**; on appelle **rivières** celles qui se jettent dans un fleuve, dans une autre rivière ou même dans la mer si leur cours est peu étendu, **ruisseaux** celles qui ne sont pas navigables et dont la longueur est peu considérable, et **torrents** celles dont la pente est très-rapide, la longueur médiocre, et qui coulent en général dans des pays de montagnes. — Quelques cours d'eau se perdent dans les sables ou s'engloutissent dans le sol, au lieu d'aboutir à la mer ou à un fleuve.

La *source* d'un cours d'eau est l'endroit où il commence; l'*embouchure* d'un fleuve celui où il se confond avec la mer : le *confluent* de deux cours d'eau celui où ils se réunissent. La *rive droite* d'un fleuve ou d'une rivière est celle qui se trouve à la *droite*, la *rive gauche* celle qui se trouve à la *gauche* d'une personne qui les descend, c'est-à-dire qui en suit le courant ou la pente naturelle.

Il peut arriver que le lit d'un fleuve ou d'une rivière, au lieu de former une pente continue, soit encombré de rochers, ou brusquement interrompu par un escarpement souvent taillé à pic comme les marches d'un escalier; le fleuve forme alors des *rapides*, des *cascades*, des *chutes* ou des *cataractes* dont la hauteur est parfois immense (1).

Versants. —

Quand on examine le pays arrosé par un fleuve et par ses *affluents*, c'est-à-dire par les cours d'eau qu'il reçoit, on remarque que l'ensemble de ce pays forme deux pentes inclinées l'une vers l'autre et qui viennent se

relles. Telle est l'origine des fleuves et des rivières, qui reportent à la mer l'eau qu'ils en ont reçue.

(1) Les plus hautes ont jusqu'à 800 mètres.

rencontrer dans le lit même du fleuve où elles versent les eaux qui les arrosent, ce qui leur a fait donner le nom de **versants**.

Bassins. — Le sommet de cette double pente est dessiné par une ligne de hauteurs qui peuvent être des collines ou des montagnes, mais qui ne sont souvent que des plateaux ou même une simple ondulation de terrain au milieu d'une plaine. Ces hauteurs viennent se joindre à l'endroit où le fleuve prend sa source, et projettent entre ses divers affluents des chaînons ou *rameaux* secondaires.

On a donné à la région circonscrite par cette ligne de hauteurs le nom de **bassin** du fleuve ; aux montagnes, aux collines, aux plateaux et aux ondulations de terrain qui la limitent, le nom de *ceinture du bassin*.

Ligne de partage des eaux. — L'arête supérieure des hauteurs qui séparent deux bassins porte le nom de *ligne de partage des eaux*, parce qu'elle marque en effet la crête de ce double talus comparable aux pentes d'un toit, et qui verse les eaux dans des directions opposées ; mais cette ligne de partage ne renferme pas toujours les points les plus élevés du bassin ; il n'est donc pas exact de la nommer, comme on le fait quelquefois, *ligne de faîte*.

Ce que nous venons de dire d'un *bassin fluvial*, considéré isolément, s'applique également à une région plus vaste comprenant les bassins de tous les fleuves qui se jettent dans une même mer.

IV

Les mers et l'atmosphère.

Mers intérieures. Golfes. Détroits. — La géographie physique des mers est beaucoup moins compliquée que celle des continents, si l'on se borne à en étudier la surface. Si nous les considérons d'abord dans le voisinage des côtes, nous les voyons tantôt s'enfoncer dans les terres, sous les noms de *mers intérieures* ou *méditerranées*, *golfes*, *baies*, *anses*, *rades*, *ports*, etc., tantôt se resserrer et former entre deux terres une sorte de défilé qu'on appelle *détroit*.

Montagnes sous-marines. Écueils. Brisants. Îles et archipels. — Au-dessus des flots ou à peu de distance de la surface des mers, se dressent des rochers isolés et connus des matelots sous les noms de *vigies* et d'*écueils*, ou réunis de manière à former une sorte de barrière où la mer vient se briser, et désignés sous le nom de *brisants*, *ré-cifs*, etc.

Ces rochers, de même que les *bancs de sable* à fleur d'eau, les *îles* et les *archipels* ou groupes d'îles, ne sont autre chose que les sommets des pics, des chaînes de montagnes et des plateaux sous-marins, car le fond de la mer présente les mêmes accidents que la superficie des continents, et les plus grandes profondeurs connues de l'Océan ne dépassent guère les plus grandes hauteurs des montagnes terrestres, c'est-à-dire 8,000 à 9,000 mètres.

Les courants. — La surface des mers est continuellement agitée par les vents ; mais on y observe d'autres mouvements plus réguliers et plus constants : ce sont les *courants* et les *marées*. Dans certaines parties de l'Océan, soit le long des côtes, soit en pleine mer, les eaux semblent entraînées dans une direction particulière, par une force cachée, comme les fleuves le sont par la pente de leur lit. Ces espèces de fleuves maritimes, que l'on nomme *courants*, sont tantôt permanents, tantôt périodiques, quelquefois même temporaires ; les uns sont plus chauds, les autres plus froids que la masse des eaux qui les environne et qui en dessine pour ainsi dire les rivages, et la longueur, la largeur, qui atteignent parfois des proportions énormes, ne sont pas moins variables que les autres caractères.

Les marées. — Les marées sont le gonflement et l'abaissement périodique que l'on observe chaque jour à intervalles à peu près égaux dans les mers ouvertes. La marée montante se nomme le *flux*, la marée descendante le *reflux* ; chacun de ces deux mouvements dure environ six heures et détermine par jour deux *hautes* et deux *basses mers*. Dans les mers intérieures, ces mouvements sont en général peu sensibles, et les circonstances locales exercent une grande influence sur le niveau, l'heure et les proportions de la marée. On attribue ce phénomène à l'attraction exercée par le soleil et surtout par la lune sur les parties liquides du globe qui ont moins de cohésion que les parties solides.

L'atmosphère. — La masse entière du globe est environnée d'une couche d'air épaisse de 50 à 70 kilomètres, mais qui se raréfie rapidement à mesure qu'on s'élève. Cette enveloppe gazeuse de la terre porte le nom d'*atmosphère*. Bien plus mobile que l'eau, sans cesse dilatée par la chaleur ou resserrée par le froid, l'atmosphère est dans une perpétuelle agitation, et ces mouvements capricieux produisent les *vents*, les *tempêtes* et les *ouragans*, qui sont comme les vagues de l'air.

Cependant il existe dans l'atmosphère, comme dans l'Océan, des courants chauds ou froids réguliers et que l'on peut considérer comme constants, courants qui exercent une puissante influence sur les climats, et par conséquent sur l'agriculture, et qui tracent à la navigation et au commerce leur route sur les mers.

Les pluies. — L'atmosphère est le réservoir des vapeurs qui montent continuellement de la surface des mers, des lacs et des eaux courantes. Quand ces vapeurs se condensent, elles forment, suivant que le refroidissement est plus ou moins prononcé, les nuages, la pluie, la neige, la grêle, si elles flottent dans l'air : le brouillard, le givre, la rosée, la gelée blanche, si elles rampent sur le sol.

L'atmosphère rend ainsi aux parties liquides du globe ce qu'elles ont perdu par l'évaporation.

Limite des neiges perpétuelles. Glaciers. — La température décroît à mesure que l'on s'élève dans l'atmosphère. Au delà d'une certaine limite, les vapeurs d'eau qu'elle contient se condensent en neiges au lieu de se résoudre en pluies, et ces neiges entassées sur le sommet des montagnes ne fondent pas, même dans la saison chaude. La limite des *neiges perpétuelles* est à 5,000 mètres au-dessus du niveau de la mer dans le voisinage de l'équateur, entre 2,700 et 2,800 dans les montagnes de notre pays, et à moins de 1,500 mètres sous les cercles polaires.

Lorsque les neiges et le grésil s'accumulent dans les hautes vallées, les couches successives se durcissent et arrivent peu à peu à former une masse solide que l'on appelle *glacier*. Entraînés par leur poids sur la pente qui les supporte, ces blocs immenses de glace glissent lentement vers le fond de la vallée en poussant devant eux des débris de roches éboulées et en usant de leur frottement les parois des montagnes voisines. Les glaciers, qui mesurent quelquefois jusqu'à 10 kilomètres carrés de superficie, sont les réservoirs des fleuves et des rivières et exercent une grande influence sur la température des régions qui les environnent.

Les climats. — Les différences de température et de variations atmosphériques, telles que les pluies, les vents, les orages, qui distinguent les diverses parties du globe,

constituent les *climats*. Le climat varie avec l'*altitude*, c'est-
à-dire l'élévation du terrain au-dessus du niveau de la mer,
l'exposition, la nature du sol ou même des cultures, et surtout avec la latitude. La température décroît de l'équateur
aux pôles (1), mais les lignes courbes qui réunissent les différents
points où la moyenne de la température annuelle est égale (2),
ne coïncident pas avec les cercles de latitude parallèles à l'é-
quateur et décrivent des sinuosités qu'il serait difficile de ramener à une règle générale. (Voir le planisphère, page 28.)
Toutefois les *climats maritimes* sont toujours plus doux et
plus uniformes que les *climats continentaux*, où l'écart est
souvent énorme entre les températures extrêmes de l'hiver et
de l'été (3).

V

Les animaux, les végétaux et l'homme.

Si, de la nature inanimée, nous passons à l'examen de la
nature vivante, c'est-à-dire des plantes et des animaux, nous
remarquerons que certaines espèces et certaines races semblent appartenir à une région déterminée et périssent ou ne
traînent plus qu'une vie languissante si on les arrache à leur
sol natal. Les plantes de la région des tropiques, le café, le
cacao, la vanille, l'arbre à caoutchouc s'étiolent même dans
nos serres chaudes, le palmier et l'oranger ne réussissent pas
au-dessus du 40° degré de latitude N. et du 35° de latitude
S., le froment au-dessus du 63° de latitude N. et du 52° de
latitude S. ; le sapin et le bouleau s'élèvent au contraire
sur le flanc des montagnes jusqu'à la limite des neiges éternelles, et résistent aux hivers des zones glaciales : le lion, le
tigre, l'éléphant, la girafe, l'autruche, animaux des pays

(1) L'expérience a prouvé que cette règle n'est pas absolue.
Dans la région polaire arctique, c'est vers le 80° degré de latitude
septentrionale que le froid semble le plus intense ; il diminue quand on
se rapproche du pôle, où, du reste, nul voyageur n'est encore parvenu.
Dans le voisinage du pôle sud, le froid semble plus vif encore qu'au
pôle nord.
(2) On a nommé ces courbes lignes *isothermes* ou lignes d'*égale
chaleur*.
(3) Dans certaines régions, où les températures extrêmes de l'hiver
descendent jusqu'à 40 degrés centigrades au-dessous de zéro, les températures extrêmes de l'été montent jusqu'à 30 degrés centigrades au-
dessus de zéro. C'est un écart de 70 degrés.

2.

chauds, ne pourraient vivre à l'état de liberté dans les contrées septentrionales, tandis que le renne et l'ours blanc, originaires des régions polaires, languissent ou meurent dans un climat tempéré.

L'homme et quelques animaux domestiques (le bœuf, le mouton, le cheval, le chien), sont les seuls qui vivent dans presque tous les climats et sous toutes les latitudes; encore certaines zones semblent-elles plus particulièrement destinées à servir d'habitation aux diverses variétés de la grande famille humaine. On a essayé de ramener toutes ces variétés à trois races ou types principaux.

La race blanche. — 1° La race *blanche* ou *caucasique* (1), supérieure à toutes les autres par son aptitude à la civilisation, a peuplé l'Europe, domine en Amérique, dans le nord de l'Afrique, dans le sud et dans l'ouest de l'Asie, et compte de nombreux représentants dans toutes les parties du globe, où son activité l'a disséminée. On la reconnaît à la couleur blanche de la peau, au profil droit, à la coupe ovale du visage, à la chevelure longue et soyeuse variant du roux au noir.

La race jaune. — 2° La race *jaune* ou *mongolique* (2) domine dans l'Asie septentrionale et orientale et dans la zone glaciale arctique; ses caractères distinctifs sont la couleur jaune ou brune de la peau, la largeur de la face et les pommettes saillantes, les yeux fendus obliquement, les cheveux rudes et presque toujours noirs, la bouche large et les lèvres proéminentes.

La race noire. — 3° La race *noire* occupe la partie centrale et méridionale de l'Afrique, une portion de l'Océanie, et s'est multipliée en Amérique, où les Européens l'ont transplantée. Elle se distingue par la coloration noire de la peau, l'épaisseur et la saillie des lèvres, l'épatement du nez, la chevelure noire et crépue ressemblant à de la laine, et l'infériorité de sa civilisation.

Races intermédiaires. — Entre ces trois types principaux se glissent, sans compter une foule de variétés produites par le mélange des races, un certain nombre de

---

(1) Le Caucase est une chaîne de montagnes qui sépare l'Europe de l'Asie. On a cru, sans raisons historiques bien sérieuses, y voir le berceau de la race blanche.

(2) On appelle Mongolie une vaste contrée de l'Asie centrale dont les habitants offrent le type le plus complet de la race jaune.

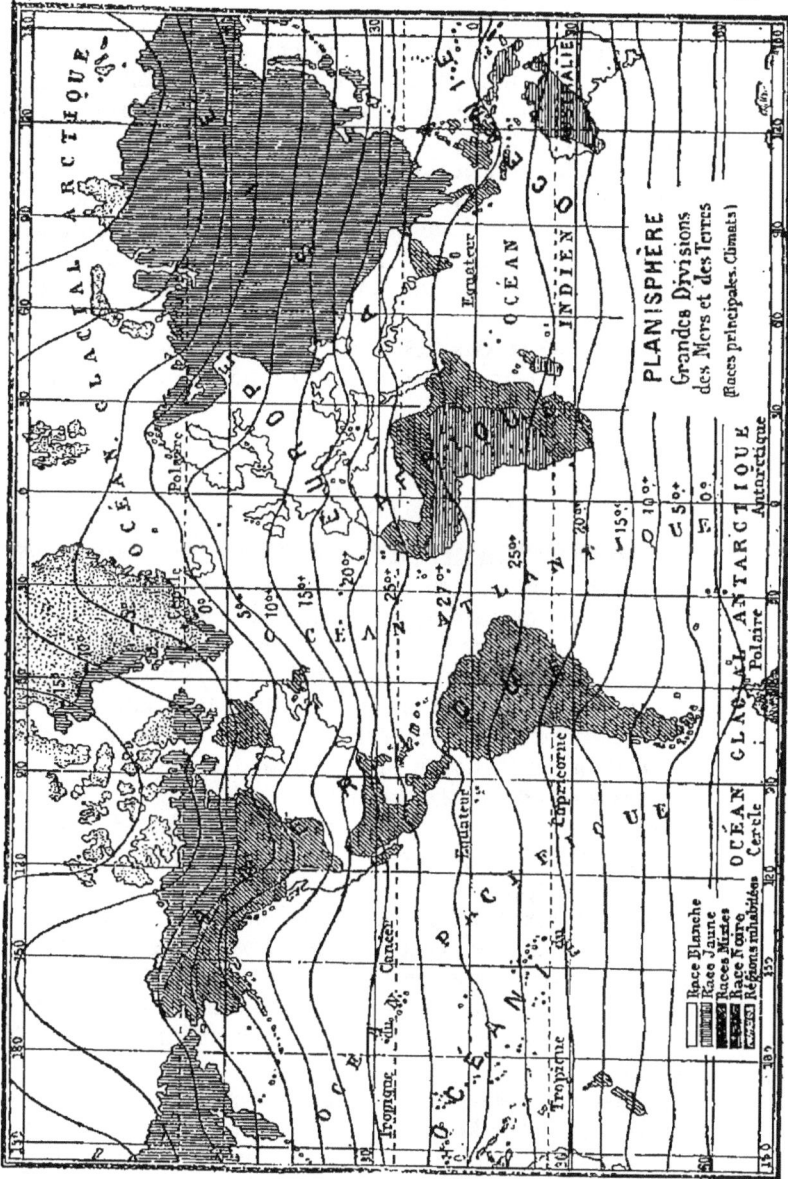

Carte IV.

types intermédiaires sur lesquels la science n'est pas encore complétement fixée : les *Peaux Rouges* d'Amérique, à la peau bistrée, variant de la couleur du chocolat à celle du cuivre rouge, aux cheveux noirs, longs et rudes, aux pommettes saillantes et aux yeux légèrement obliques, comme ceux des peuples mongoliques ; les *Polynésiens* ou *Océaniens*, à la taille élevée, aux traits presque européens, à la longue chevelure noire, au teint cuivré, mais se rapprochant de la couleur basanée des populations du midi de l'Europe ou du nord de l'Afrique ; les *Malais*, dont le teint est plus foncé, les lèvres plus épaisses, et les yeux plus obliques, etc.

Population du globe. — La population totale du globe est d'environ 1,400,000,000 d'habitants, dont plus de 450 millions de race blanche.

VI

Notions de géographie politique.

Divisions politiques. — Outre les divisions naturelles et indépendantes de la volonté humaine, telles que l'Océan et les continents, les bassins des fleuves et des mers, il en est d'autres que l'homme a créées, et qu'il peut modifier à son gré : ce sont les divisions politiques, c'est-à-dire les espaces déterminés par la tradition ou par les traités, qu'occupent à la surface du globe certains groupes d'hommes qui s'en réservent la jouissance et la domination exclusive.

Peuplades et tribus. — Quand ces groupes sont peu nombreux et peu civilisés, et qu'ils consistent seulement dans la réunion de quelques familles autour d'un chef commun, on les appelle des *peuplades* ou des *tribus*. Un grand nombre de ces tribus, surtout celles qui vivent dans les steppes ou dans les déserts, sont *nomades*, c'est-à-dire errantes, habitent sous des tentes ou sous des abris temporaires, et se déplacent quand leurs bestiaux ont épuisé un pâturage ou qu'un territoire de chasse ne suffit plus à leur subsistance.

Etats et nations. — Les groupes plus nombreux, plus avancés dans la civilisation, vivant sous un gouvernement commun dans un espace déterminé, portent le nom d'*Etats*. Il ne faut pas confondre un *Etat* et une *nation*, bien que ces deux mots s'emploient souvent l'un pour l'autre. Une nation est une réunion d'hommes occupant un territoire dont

les limites sont en général indiquées par des accidents naturels, tels que des mers, des montagnes, de grands fleuves, et
liés entre eux par la communauté de langue et d'origine, ou
du moins de traditions historiques, d'intérêts et de sentiments.
Une nation peut former plusieurs Etats, et un Etat peut se
composer de plusieurs nations.

Les Etats se subdivisent en circonscriptions moins étendues, qui portent le nom de *provinces*, de *cercles*, de *départements*, etc. Les groupes d'habitations portent, suivant qu'ils
sont plus ou moins considérables, le nom de *villes*, de *bourgs*,
de *villages* et de *hameaux*.

**Formes de gouvernement. Républiques et
monarchies.** — Tous les Etats n'ont pas la même forme
de gouvernement. On appelle *républiques* ceux où le peuple
se gouverne lui-même, soit par des décisions auxquelles prennent part directement tous les citoyens, soit par l'intermé-
diaire d'assemblées moins nombreuses chargées de faire les
lois, et d'un ou de plusieurs magistrats responsables de leurs
actes et non héréditaires, chargés de les faire exécuter.

Une *monarchie* est un Etat où la direction suprême du
gouvernement appartient à un seul chef, le plus souvent hé-
réditaire. Si ce pouvoir est sans limites et sans contrôle, la
monarchie est dite *absolue* ou *despotique*. S'il est limité par
des conventions écrites entre le souverain et ses sujets, c'est-
à-dire par une *constitution*, et contrôlé par des assemblées
soit *électives* (nommées par les citoyens), soit *héréditaires* (où
le fils succède de droit au père), la monarchie est dite *consti-
tutionnelle*.

Civilisation. Principales religions. — La civilisation d'un peuple consiste dans l'ensemble de ses croyan-
ces, de ses mœurs, de ses lois, dans les moyens qu'il emploie
pour satisfaire ses besoins, et pour exprimer ses sentiments
ou ses idées. L'un des principaux éléments d'une civilisation,
c'est la religion. Toutes les religions peuvent se ramener à
deux grandes classes : celles qui n'admettent qu'un seul Dieu
et celles qui en admettent plusieurs.

Les religions *monothéistes* (qui n'admettent qu'un seul Dieu)
sont :

1° Le CHRISTIANISME, qui se subdivise en *catholicisme*
(220 millions) (1); — *Eglise grecque schismatique* (90 millions),

(1) Ces chiffres ne peuvent être qu'approximatifs.

ainsi nommée parce qu'elle s'est séparée du catholicisme et ne reconnaît pas l'autorité du pape; — et *protestantisme* (120 millions), fondé au xvi° siècle après Jésus-Christ par *Luther* et *Calvin*.

L'Europe et l'Amérique presque tout entières sont chrétiennes.

2° Le JUDAÏSME, encore professé par les Juifs répandus dans toutes les parties du monde (7 à 8 millions).

3° Le MAHOMÉTISME, ainsi nommé de son fondateur, l'Arabe Mahomet, et dominant dans l'Asie occidentale et centrale et l'Afrique septentrionale (210 millions).

Les religions *polythéistes* (qui admettent plusieurs dieux) sont :

1° Le FÉTICHISME, la plus grossière de toutes les religions, qui consiste dans l'adoration de toutes sortes de choses animées ou inanimées, utiles ou nuisibles, et douées aux yeux de leurs adorateurs d'une puissance mystérieuse. La plupart des populations nègres de l'Afrique et des peuples indigènes de l'Océanie sont fétichistes.

2° Le BRAHMANISME, qui doit son nom à son principal dieu, *Brahma*, et qui est pratiqué dans l'Asie méridionale (190 millions).

3° Le BOUDDHISME (430 millions?), dominant dans l'Asie orientale et ainsi nommé parce que ses sectateurs attribuent l'origine de leur religion à un être divin qu'ils appellent *Bouddha*.

Industrie. Commerce. Voies de communication. — Quand un peuple a atteint un certain degré de civilisation, il ne se contente plus des produits de la pêche ou de la chasse et des fruits sauvages que la terre lui offre sans travail : il défriche et cultive le sol et crée l'*agriculture,* il exploite les mines, il transforme par son *industrie* les matières premières que lui fournissent la nature vivante et inanimée, la terre et les mers, il échange l'excédant de ses produits contre ceux qui lui manquent et qu'il va chercher dans les autres contrées du globe, échange qui constitue le *commerce* : il imagine, pour faciliter ces échanges, des systèmes de monnaies, de poids et de mesures; il ouvre des *voies* de *communication* pour triompher des obstacles naturels. Des *routes* traversent les forêts, les montagnes, les vallées; des *ponts* franchissent les fleuves et les rivières : des *canaux* coupent les isthmes et réunissent les cours d'eau d'un même

bassin on de deux bassins différents, soit par une simple tran-
chée, soit par des *écluses* qui forment comme les marches d'un
escalier et permettent aux bateaux de s'élever et de redescendre sur la pente des collines trop hautes pour être franchies
à ciel ouvert et trop étendues pour être percées par un sou-

Fig. X. — Canal et écluse.

terrain. Des *chemins de fer* rapprochent les distances; des
lignes de *bateaux à vapeur* triomphent des vents et des courants; des *fils électriques* plongent sous les mers, sillonnent les
continents et transmettent les messages avec la rapidité de
l'éclair.

L'étude de la géographie agricole, industrielle et commerciale, que l'on a proposé d'appeler géographie économique (1),
est le complément de la description physique et politique des
diverses contrées du globe.

RÉSUMÉ.

Géographie physique (naturelle).

I

DIVISIONS GÉNÉRALES. — La superficie du globe est occupée
par les *terres* et les *mers*.

(1) On appelle économie politique une science qui a pour but d'étudier les lois de la production, de la consommation et de la distribution
des richesses quelles qu'en soient la nature et l'origine.

L'*Océan* ou la *mer* est un immense dépôt d'eaux salées qui couvre les trois quarts de la surface du globe.

Un *continent* est une terre d'une très-grande étendue; une *île* une terre plus petite, entourée d'eau de toutes parts; un groupe d'îles se nomme *archipel*.

Il y a deux continents : l'*Ancien* qui comprend trois parties, l'*Europe*, l'*Asie* et l'*Afrique*; et le *Nouveau* qui porte le nom d'*Amérique* : l'*Océanie* avec le continent d'*Australie* forme une cinquième partie du monde.

On divise l'Océan en cinq parties :

1º L'océan *Atlantique*, entre l'Europe et l'Afrique à l'est, et l'Amérique à l'ouest;

2º L'océan *Pacifique* ou *Grand-Océan*, entre l'Amérique à l'est, et l'Asie à l'ouest;

3º L'océan *Indien*, entre l'Océanie à l'est, l'Asie au nord, et l'Afrique à l'ouest;

4º L'océan *Glacial arctique*, dans la région voisine du pôle Nord;

5º L'océan *Glacial antarctique*, dans la région voisine du pôle Sud.

II

LES CONTINENTS. RELIEF DU SOL. — Une *montagne* est une masse de terre d'une grande élévation et offrant une pente plus ou moins rapide; les plus hautes n'atteignent pas 9,000 mètres au-dessus du niveau de la mer, celles qui sont peu élevées se nomment *collines*.

Une *chaîne* de montagnes est une suite de montagnes qui se touchent par leur base.

Un *volcan* est une montagne qui vomit de la fumée et des matières en fusion nommées *laves*.

Un *col* ou *défilé* est un passage étroit entre des montagnes.

Une *vallée* est un espace assez large, plus ou moins uni, qui s'ouvre dans un massif montagneux, ou qui sépare deux chaînes de montagnes ou de collines.

Une *plaine* est un espace plat ou peu accidenté : un *plateau* est une plaine élevée au-dessus des terres environnantes.

Un *désert* est une terre stérile, inhabitée et souvent couverte de sables : un *steppe* est une plaine couverte de végétation, mais inculte et sans arbres.

LES RIVAGES. — La *côte* est la partie d'un continent ou d'une île baignée par la mer; un *cap* est une saillie de la côte qui s'avance dans la mer; une *presqu'île* ou *péninsule* est une masse de terre entourée d'eau de tous les côtés, sauf un seul; un *isthme* est une langue de terre qui réunit une presqu'île au continent.

III

LES EAUX. — Un *lac* est un amas d'eau douce ou salée, entourée de terres de tous côtés ; un lac très-petit s'appelle un *étang*, et s'il est très-peu profond, un *marécage*.

Un *fleuve* est une eau courante qui se jette dans la mer ou dans un grand lac, après un cours d'une certaine étendue : une *rivière* est une eau courante qui se jette dans un autre cours d'eau, ou même dans la mer, mais qui dans ce cas est d'une longueur médiocre : les petits cours d'eau sont des *ruisseaux* ou des *torrents*.

La *source* d'un cours d'eau est l'endroit où il sort de terre ; son *embouchure*, l'endroit où il se jette dans la mer ; le *confluent* de deux cours d'eau est l'endroit où ils se réunissent ; la *rive droite* d'un fleuve ou d'une rivière est celle qui se trouve à droite d'une personne qui les descend ; la *rive gauche*, celle qui se trouve à gauche.

Un *versant* est une pente ainsi nommée parce qu'elle verse dans une même direction toutes les eaux qui l'arrosent.

Le *bassin* d'une mer est l'ensemble des versants où coulent tous les cours d'eau qu'elle reçoit ; celui d'un fleuve l'ensemble des versants arrosés par ce fleuve et ses affluents directs ou indirects.

La *ligne de partage des eaux* est l'arête, la crête, ou le sommet de deux versants opposés.

IV

LES MERS. — Une *mer* est une division de l'Océan, on appelle quelquefois mers des lacs salés d'une très-grande étendue. Un *golfe* est une étendue d'eau qui s'avance dans les terres ; un *détroit* est une étendue d'eau resserrée entre deux terres.

Un *courant maritime* est un mouvement permanent ou temporaire qui se produit dans les eaux de la mer sur un espace plus ou moins considérable et qui les entraîne dans une certaine direction.

La *marée* est le gonflement et l'abaissement, ou le *flux* et *reflux* des eaux de la mer qui montent deux fois et qui descendent deux fois par jour.

L'ATMOSPHÈRE. — L'*atmosphère* est la couche d'air qui enveloppe le globe : les mouvements de l'atmosphère produisent les *vents* et les *tempêtes* ; les vapeurs d'eau qui s'y amassent produisent les *pluies*, la *grêle*, la *neige*. La température décroissant à mesure qu'on s'élève dans l'atmosphère, les

neiges ne fondent plus au-dessus de 2,700 ou 2,800 mètres
dans nos contrées, et forment des *glaciers* en s'accumulant
sur les pentes et dans les vallées des hautes montagnes. Les
différences de température et de variations atmosphériques
constituent les *climats*.

V

LES VÉGÉTAUX ET LES ANIMAUX. — Peu de végétaux ou d'a-
nimaux vivent sous tous les climats : l'homme seul est ré-
pandu sur toute la surface du globe.

LES RACES HUMAINES. — Les principales races humaines
sont : la *race blanche* ou *caucasique* (Europe, Asie occidentale
et méridionale, Afrique septentrionale et pays peuplés par les
Européens en Amérique et en Océanie); la *race jaune* ou *mongolique* (Asie orientale et septentrionale, et Océanie); la *race
noire* (Afrique et Océanie); la *race rouge* (Amérique).

La population du globe est d'environ 1,400 millions d'habitants.

VI

Géographie politique.

La géographie *politique* a pour but de décrire : 1° les divisions créées sur la surface du globe par la volonté de l'homme,
et qui porte le nom d'*États* (espaces déterminés où vivent
sous un gouvernement commun des hommes civilisés), de *provinces*, de *départements* (subdivisions d'un État); 2° les groupes
d'habitations construites par l'homme (villes, bourgs, villages); 3° elle comporte, en outre, des notions générales sur
les formes de gouvernement, les langues, les religions, les
mœurs et la civilisation des divers groupes d'hommes.

La géographie *économique* a pour but de faire connaître les
produits de l'*agriculture* et de l'*industrie*, d'indiquer la nature
des échanges qui constituent le *commerce*, et de décrire les voies
de communication, *routes*, *chemins de fer*, *lignes de navigation*,
canaux, *lignes télégraphiques*.

PREMIÈRE PARTIE
Description physique de la France

CHAPITRE PREMIER

BORNES. SUPERFICIE. LIMITES MARITIMES. PRINCIPAUX PORTS.

I

Bornes. — La France est bornée : au NORD-OUEST, par la *mer du Nord*, le *Pas de Calais* et la *Manche*, qui la séparent de l'Angleterre ; à l'OUEST, par l'*océan Atlantique* ; au SUD, par la rivière de la *Bidassoa* et les *Pyrénées*, qui la séparent de l'Espagne ; à l'EST, par la chaîne des *Alpes*, qui la sépare de l'Italie, le lac de *Genève*, la chaîne du *Jura*, qui la séparent de la Suisse, et celle des *Vosges* jusqu'au mont *Donon*, qui lui sert aujourd'hui de limites du côté de l'Allemagne ; au NORD-EST et au NORD, par une ligne de convention qui sépare notre pays de l'*Allemagne*, du *Grand-Duché de Luxembourg* et de la *Belgique*.

Elle comprend en outre quelques petites îles disséminées sur le littoral, et une grande île, la *Corse*, située dans la Méditerranée, à 160 kilomètres au sud des côtes françaises.

Superficie. Dimensions. — La superficie actuelle de la France est d'environ 528,000 kilomètres carrés ou 52,800,000 hectares, représentant à peu près la millième partie de la superficie du globe et la dix-neuvième partie de celle de l'Europe. Avant les traités de 1871, qui nous ont enlevé l'Alsace et une partie de la Lorraine, la superficie de la France était de 543,000 kilomètres carrés.

Sa plus grande longueur, du sud au nord, entre Perpignan et Dunkerque, est de 1,000 kilomètres (250 lieues kilométriques) : sa plus grande largeur, de l'est à l'ouest, entre le mont Donon et la pointe Saint-Mathieu, d'environ 960 kilomètres (240 lieues kilométriques).

Configuration de la France. — La France offre la forme d'un *hexagone*, c'est-à-dire d'une figure à six côtés régulièrement disposés. Deux de ces côtés regardent la *Manche* (nord-ouest), de Dunkerque à la pointe Saint-Mathieu ; et l'océan *Atlantique* (ouest), de la pointe Saint-Mathieu à l'embouchure de la Bidassoa; deux autres, les *Pyrénées* (sud-ouest), et la *Méditerranée* (sud-est); les deux derniers forment notre frontière continentale de l'est, depuis la Roya jusqu'au mont Donon, et du nord, entre le mont Donon et Dunkerque.

Longitudes et latitudes extrêmes. — La France est située entre quarante-deux degrés vingt minutes (42°,20′) et cinquante-un degrés (51°) de latitude septentrionale, sept degrés de longitude occidentale (7°) et cinq degrés de longitude orientale (5°) mesurés à partir du méridien de Paris. Les longitudes extrêmes sont prises à la pointe Saint-Mathieu (ouest), et à Menton près de l'embouchure de la Roya (est) : les latitudes extrêmes à la frontière de Belgique, au nord de Dunkerque, et au cap Cerbera, sur la Méditerranée.

Situation. — La France est le seul pays qui touche à la fois à la Méditerranée, à l'Atlantique et à la mer du Nord; Elle réunit et résume, pour ainsi dire, tous les climats européens, toutes les natures de terrains, toutes les variétés de culture; elle est limitrophe de cinq des Etats les plus riches de l'Europe continentale, la Belgique, l'Allemagne, la Suisse, l'Italie et l'Espagne; elle n'est séparée de l'Angleterre que par un détroit : aussi ne doit-on pas s'étonner du rôle important qu'elle a joué en Europe et auquel la nature même semble l'avoir préparée.

II

La mer du Nord, le Pas de Calais et la Manche.

Mer du Nord. — De la frontière de Belgique à la pointe Saint-Mathieu, où se termine la Manche, le développement des côtes qui se dirigent du nord-est au sud-ouest est d'environ 900 kilomètres.

La mer du Nord ne baigne le littoral français (*département du Nord*), que sur une étendue de 50 kilomètres environ, de la frontière de Belgique à *Calais*. Elle est bordée de dunes d'un sable grisâtre qu'interrompent quelques plages marécageuses. Poussées par les vents d'ouest qui soufflent dans ces parages pendant les deux tiers de l'année, ces dunes avancent peu à peu dans l'intérieur des terres, détruisant les cultures et engloutissant même des villages entiers : aussi a-t-on essayé de les fixer en y semant des plantes dont les racines pénètrent dans le sable et finissent par donner à ce terrain mouvant assez de consistance pour résister à l'action des vents de mer. Au pied des dunes, du côté du continent, s'étendent des terres à demi noyées, situées au dessous du niveau des hautes mers, et qui formaient autrefois de vastes marais. Des travaux de dessèchement et d'endiguement ont transformé ces *moëres* en un sol fertile, coupé d'innombrables canaux et couvert de moissons et de prairies.

La principale ville maritime est **Dunkerque** (église des Dunes), grande ville (38,000 hab.), aux rues larges et régulières, entourée d'imposantes fortifications, mais dont le port est sans cesse menacé par l'invasion des sables.

Le Pas de Calais. — Le *Pas de Calais* baigne les côtes du *département* du même nom, de *Calais* à *Boulogne*. C'est un étroit bras de mer qui, dans sa partie la plus resserrée, n'a pas plus de 28 kilomètres de largeur, et dont les profondeurs extrêmes ne dépassent pas 50 mètres. Il est semé de bancs de sable dont quelques-uns s'élèvent presque au niveau des basses mers. Entre la France et l'Angleterre se prolonge, sous la mer, un épais banc de craie, imperméable à l'eau, et où de nombreux sondages n'ont révélé aucune fissure : aussi songe-t-on à y creuser un tunnel sous-marin qui réunirait Calais, en France, et Douvres, en Angleterre, et dont le percement ne paraît pas présenter de difficultés insurmontables.

Les côtes du Pas de Calais sont bordées de dunes et de falaises de craie blanche, où s'ouvrent des brèches étroites, et que dominent le cap Blanc-Nez (Black-Ness, cap Noir, 134 mètres au-dessus du niveau de la mer), et le cap Gris-Nez (Craig-Ness, cap des Roches), derniers escarpements des collines de l'Artois.

Les principaux ports du Pas de Calais sont : **Calais**, qui pendant plus de deux siècles, 1347 à 1558, appartint aux Anglais, et dont les paquebots emportent ou débarquent chaque année plus de 200,000 voyageurs passant de France en Angleterre ou d'Angleterre en France :

Et **Boulogne** (45,000 hab.), à l'embouchure de la *Liane*, au pied d'une colline escarpée que couronne la ville haute, avec ses vieux remparts plantés d'arbres.

La Manche. — 1° De Boulogne à l'embouchure de la *Somme*, la côte, toujours bordée de dunes, où la sombre verdure des jeunes bois de pins tranche çà et là sur la couleur grisâtre et uniforme des sables, se détourne brusquement vers

le sud. Entre la pointe du *Crotoy* et les mamelons escarpés
qui portent la vieille ville de *Saint-Valery*, témoin du départ
de Guillaume le Conquérant pour l'Angleterre, s'ouvre la
baie de *Somme*, golfe à la marée haute, plaine de sable à la
marée basse, sans cesse resserrée par les travaux de dessèchement et par les digues qui font reculer la mer (*département
de la Somme*).

2° Au delà de l'embouchure de la Somme, du *Bourg d'Ault*
à la pointe de la *Hève*, qui domine l'estuaire de la Seine, la
côte s'incline vers l'ouest. Les plateaux de la Haute-Norman-
die, qui s'étendent jusqu'à la mer, se terminent brusquement
par des falaises, murailles crayeuses battues et rongées par
les flots et qui souvent se dressent à pic jusqu'à une hauteur
de plus de cent mètres (falaises du *Tréport* et d'*Etretat*, cap

Fig. XI. — Falaises d'Etretat.

d'*Antifer*). Au pied des falaises s'entassent des bancs de galets, cailloux roulés et polis par les vagues, et qui proviennent
de débris de falaises écroulées, où le silex est mêlé à la craie.

Les principales villes maritimes de cette côte (*département
de la Seine-Inférieure*), sont: **Dieppe**, dans une échancrure
des falaises ouverte par la rivière de l'Arques, l'antique rivale
de Dunkerque et de Saint-Malo, dont le port, envahi par les

galets, ne peut plus soutenir aujourd'hui la concurrence du Havre; **Fécamp**, l'un de nos ports d'armement pour la grande pêche, et le **Havre** (106,000 habitants), à l'embouchure de la Seine, créé par François Ier et qui est devenu, grâce à sa situation, l'entrepôt de notre commerce avec le nord de l'Europe et les deux Amériques.

3° De l'embouchure de la Seine à la presqu'île du *Cotentin* (*département du Calvados*), s'étendent d'abord des plages basses et sablonneuses, puis, au delà de l'embouchure de l'*Orne*, des falaises ou des plages de galets bordées d'une ceinture d'écueils à fleur d'eau. Le plus connu de ces bancs de roches sous-marines est celui qui a reçu le nom de *Calvados*, corruption populaire du nom espagnol de Salvador, porté par un vaisseau qui s'y brisa en 1588, avec une partie de la flotte armée par le roi d'Espagne, Philippe II, contre l'Angleterre. Les ports de cette côte, tels que *Honfleur, Trouville, Port-en-Bessin*, obstrués par les sables ou la vase, ne peuvent recevoir que des barques de pêche ou des bâtiments de faible tonnage, mais leurs plages unies attirent les baigneurs et font de cette partie de la côte de Normandie une des plus fréquentées pendant la saison d'été.

4° Entre la baie de *Seine*, à l'est, et la baie du *mont Saint-Michel*, à l'ouest (*département de la Manche*) s'allonge une presqu'île triangulaire aux côtes rocheuses, sans cesse rongées par les courants : c'est la presqu'île du *Cotentin* (pays de Coutances, l'ancienne *Cotentia*), qui projette vers le nord-est la pointe de *Barfleur*, vers le nord, le cap de la **Hague**. Au sud de la pointe de Barfleur, dans la rade de *Saint-Waast* ou de la *Hougue*, l'amiral français Tourville, après avoir combattu une flotte anglaise double de la sienne, fut contraint de détruire ses vaisseaux, désemparés par le combat et la tempête, pour ne pas les laisser tomber entre les mains de l'ennemi.

Les deux principaux ports de la presqu'île sont : à l'ouest, *Granville*, port de pêche; au nord, **Cherbourg** (36,000 h.), un de nos premiers ports militaires et l'une des créations les plus merveilleuses du génie moderne. On a dû, pour protéger la rade complétement ouverte aux vents du large, construire une digue immense, longue de près de 4 kilomètres, formée de blocs de granit, et jetée hardiment en pleine mer. Commencés en 1782, ces travaux ne furent achevés qu'en 1853 et coûtèrent 67 millions, mais ils ont donné à la France un port vaste et sûr que lui avait refusé la nature, et qui commande toute la Manche.

A l'ouest de la presqu'île sont semés des écueils granitiques, les îles *Chausey*, le banc *des Minquiers*, et trois îles plus considérables, *Jersey*, *Guernesey* et *Aurigny*, séparées de la côte par le *Passage de la Déroute* et le *Raz-Blanchard*. Elles appartiennent à l'Angleterre : c'est le dernier débris du duché de Normandie et de l'héritage de Guillaume le Conquérant.

Entre *Granville* et *Cancale* s'ouvre une large baie dont le fond est couvert de sables mouvants, de vases et de coquilles pilées qui, sous le nom de *tangues*, sont employées comme engrais par les cultivateurs de la Bretagne et de la Normandie. La profondeur est si peu considérable et la pente si insensible que la baie est presque à sec à marée basse ; mais les jours de grandes marées, le flux s'y engouffre avec une violence irrésistible et s'élève à 15 mètres au-dessus du niveau des basses mers. Au milieu du golfe se dresse un rocher, véritable pyramide de granit, chargé d'antiques constructions qui furent à la fois une abbaye et une forteresse. C'est le *mont Saint-Michel*, qui a donné son nom à la baie.

5° Sur la rive gauche du *Couesnon*, le principal des petits cours d'eau qui se jettent dans la baie du mont Saint-Michel, commence la presqu'île de **Bretagne** (*départements d'Ille-et-Vilaine, des Côtes-du-Nord* et du *Finistère*), terre de granit dont les découpures profondes, les saillies innombrables contrastent avec l'uniformité du littoral picard et normand.

De l'est à l'ouest, le navigateur voit se creuser successivement le golfe de *Saint-Malo*, où se jette la Rance, la baie de *Saint-Brieuc*, entre les escarpements formidables du cap *Fréhel* et les roches noirâtres de *Saint-Quay*, la rade de *Morlaix* avec ses écueils qui disparaissent à marée haute sous des flots d'écume. Sur la côte sont dispersés des îlots granitiques, l'île *Bréhat*, les *Sept-Iles*, l'île de *Batz*. Les seuls ports accessibles aux navires d'un assez fort tonnage sont **Saint-Malo** (département d'Ille-et-Vilaine), à l'embouchure de la Rance, entassé sur un rocher qui ne se rattache à la terre que par un isthme sablonneux, et **Morlaix** (Finistère), dans une étroite vallée, à quelques kilomètres de la mer.

Les principales pêches de la Manche sont celles des *huîtres* (Cancale), et du *hareng*.

III

Atlantique. — L'Atlantique et le golfe de Gascogne baignent la France depuis la pointe Saint-Mathieu jusqu'à l'embouchure de la Bidassoa, sur une étendue de près de 1,100 kilomètres.

1° *De la pointe Saint-Mathieu à l'embouchure de la Loire,* la côte de **Bretagne** (*départements du Finistère, du Morbihan et de la Loire-Inférieure*), conserve son aspect tour à tour imposant et sauvage. Entre le cap Saint-Mathieu et la pointe septentrionale de la presqu'île de *Crozon* s'ouvre un étroit passage semé de roches sous-marines : c'est le goulet de Brest; mais au-delà de ce canal, les côtes s'écartent, et l'on voit tout à coup se déployer une rade qui pourrait abriter quatre cents vaisseaux de ligne, et s'élever sur deux collines que sépare la petite rivière de la *Penfeld,* la ville de **Brest** notre premier port militaire sur l'Atlantique et l'un des plus beaux du monde (66,000 hab. : Finistère), avec ses remparts, ses arsenaux, ses casernes, ses ateliers gigantesques, œuvre du grand ministre Colbert et du grand ingénieur Vauban. De l'autre côté de la presqu'île de Crozon, entre le cap de la *Chèvre* et la pointe du *Raz* s'ouvre la baie de *Douarnenez,* bordée d'un amphithéâtre de collines verdoyantes. Entre la pointe du Raz et celle de *Penmarch* (Tête du Cheval) s'arrondit en demi-cercle la baie d'*Audierne,* l'une des plus sauvages et des plus dangereuses de la côte de Bretagne. C'est au milieu de ces rochers enveloppés d'un éternel brouillard et battus par une mer toujours houleuse que la tradition bretonne a placé la scène de ses légendes les plus terribles et les plus fantastiques : c'est là que la barque infernale venait chercher les âmes des morts pour les emporter au pays des ombres, et le souvenir de la légende s'est conservé dans le nom sinistre de *baie des Trépassés,* donné à une anse voisine de la pointe du Raz.

Au-delà de la pointe de Penmarch, la côte s'incline vers le sud-est et se creuse en arc de cercle jusqu'à l'embouchure de la Loire. Moins élevée et moins sauvage, elle offre des rades nombreuses : la baie de *Concarneau,* la baie de **Lorient,** formée par le Scorff et le Blavet, et où s'élève la ville de Lorient, fondée sous Louis XIV par la Compagnie des Indes-Orientales, et l'un de nos grands ports militaires; la baie de *Quiberon,* qui doit son nom à une presqu'île rocheuse, célèbre par un désastre des émigrés pendant les guerres de la Révolution ; le golfe du **Morbihan** (petite mer), semé d'îles nombreuses ; l'estuaire de la *Vilaine* et la rade du *Croisic,* où la côte s'abaisse et où succèdent aux rochers les sables et les marais salants.

Entre la pointe du *Croisic* et la pointe *Saint-Gildas* s'ouvre le large estuaire de la **Loire**, avec le port de **Saint-Nazaire**, village de pêcheurs au commencement du siècle, aujourd'hui l'un de nos ports les plus actifs, destiné à éclipser Nantes comme le Havre a détrôné Rouen.

La côte de Bretagne est parsemée de nombreuses îles : *Ouessant,* près de la pointe Saint-Mathieu ; *Sein,* l'un des derniers asiles de la religion des druides, en face de la pointe du Raz ; les îles de *Glenan* et de *Groix,* entre la pointe de Penmarch et la presqu'île de Quiberon, et **Belle-Isle,** en face de l'embouchure de la Vilaine.

2° De la pointe *Saint-Gildas* à la pointe d'*Arvert,* au sud de l'embouchure de la *Seudre* (*départements* de la *Loire-Inférieure,* de la *Vendée,* de la *Charente-Inférieure*), s'étend une plage

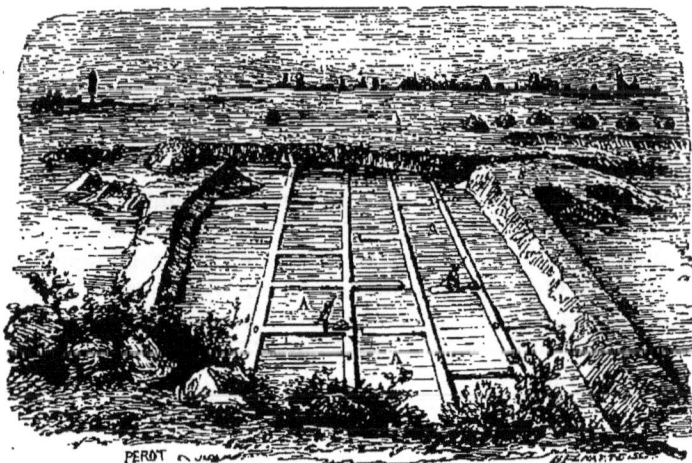

Fig. XII. — Marais salants.

basse, sablonneuse ou couverte de marais salants, creusée par quelques baies ensablées, la baie de *Bourgneuf,* au sud de la pointe Saint-Gildas ; l'anse de *l'Aiguillon,* à l'embouchure de la Sèvre Niortaise; la rade des *Basques,* au nord de l'embouchure de la Charente.

L'île de **Noirmoutier,** en face de la baie de Bourgneuf; un peu plus au sud, l'île d'**Yeu;** en face de l'embouchure de la Sèvre, l'île de **Ré,** séparée du continent par le pertuis ou détroit *Breton;* en face de l'embouchure de la Charente, la petite île d'*Aix* et la grande île d'**Oléron,** séparée de l'île de Ré par le pertuis d'*Antioche* et du continent par la passe étroite de *Maumusson,* forment comme une digue naturelle qui brise les vagues de la haute mer, retient les alluvions apportées par les fleuves et tend peu à peu à combler les échancrures de la côte et les canaux qui la séparent des îles. A marée basse, Noirmoutier devient une presqu'île : le pertuis Breton n'a pas 10 mètres de profondeur, et la partie de la Vendée qui porte encore le nom de *Marais* était un golfe au moyen âge. En outre, la côte, soulevée par un mouvement qui dure depuis des siècles, émerge lentement au-dessus de l'Océan; près de l'embouchure de la Sèvre, on trouve les traces de bancs d'huîtres qui sont de nos jours à une hauteur de 20 mètres au-dessus du niveau de la mer, et les cales des vaisseaux établies à Rochefort du temps de Louis XIV. sont aujourd'hui à plus d'un mètre au-dessus des cales modernes. Aussi les ports de cette région perdent-ils peu à peu leur importance. Les **Sables-d'Olonne** (Vendée) ne reçoivent que des bateaux de pêche; la **Rochelle** (Charente-Inférieure), qui était encore une des reines de l'Atlantique au moment où les protestants français en faisaient leur capitale, et où Richelieu s'en emparait (1628), voit chaque jour décliner son commerce; enfin **Rochefort** même (Charente-Inférieure), un de nos cinq grands ports militaires, à l'embouchure de la Charente, paraît sérieusement menacé par l'exhaussement progressif du fond de cette rivière.

De la pointe d'Arvert à la pointe de la *Coubre* (embouchure

Mer. Fig. XIII. — Coupe d'une dune. Lac.

de la Gironde), le littoral change de caractère : il est couvert de dunes hautes en quelques endroits de plus de 60 mètres, et qui, dans leur marche envahissante, ont déjà englouti des villages et des forêts.

3° Entre la pointe de la Coubre au nord et celle de *Grave* au sud s'ouvre l'estuaire de la **Gironde**, au milieu duquel s'élève, sur un îlot couvert à marée haute, le phare ou tour de *Cordouan*. La Gironde, qui ronge sans cesse sa rive gauche, et qui accumule sur sa rive droite les sables qu'elle roule dans ses flots, n'a pas de port à son embouchure : les navires, pour trouver un bon mouillage, doivent remonter jusqu'à Bordeaux. Quelques travaux feraient cependant de la rade du *Verdon*, sur la rive gauche du fleuve, en face de *Royan*, un des bons ports de France.

A la pointe de Grave commence le golfe de **Gascogne**. Jusqu'à l'embouchure de l'**Adour**, la côte court en ligne droite du nord au sud, sans ports, sans abris, sans autre échancrure que le bassin vaseux d'*Arcachon* (départements de la *Gironde* et des *Landes*). Rien de plus morne et de plus désolé que l'aspect des Landes. Sur le littoral, des dunes hautes de 30 à 50 mètres, mobiles et ondoyantes comme les vagues de l'Océan, poussées comme elles par le souffle furieux des vents d'ouest et s'avançant lentement à la conquête de la terre habitée et cultivée; dans l'intérieur, au pied des dunes qui arrêtent les eaux, de vastes étangs (étangs de *Carcans*, de *Lacanau*, de *Cazau*, de *Parentis*, de *Saint-Julien*, de *Léon*), d'où montent vers le soir des vapeurs blanchâtres, haleine empestée des marais, qui souffle la fièvre et la mort : des plaines monotones, semées de maigres bruyères où errent en liberté des troupes de chevaux sauvages, et que parcourt, monté sur ses longues échasses, le pâtre landais, triste et silencieux comme la nature qui l'entoure. Aujourd'hui cependant les Landes changent peu à peu de face. Des forêts de pins, dont les premiers semis ont été faits au siècle dernier d'après les plans de l'ingénieur Brémontier, ont fixé les dunes; et en même temps qu'elles arrêtent leur marche envahissante, elles fournissent au commerce le bois et la résine : des canaux ouvrent aux eaux stagnantes un chemin vers la mer; 600,000 hectares, autrefois stériles, sont livrés à la culture. L'homme a vaincu le désert, mais il reste impuissant contre l'Océan, qui continue à ronger la côte des Landes, et qui gagne en un siècle plus de 200 mètres sur la terre.

4° De l'embouchure de l'Adour, à l'entrée duquel s'élève le port de **Bayonne** (*département des Basses-Pyrénées*), me-

nacé par l'invasion des sables et des galets, à l'embouchure
de la *Bidassoa*, la côte est formée de rochers et de falaises,
derniers escarpements des Pyrénées, et creusée de baies pittoresques où se cachent les petits ports de *Biarritz*, de *Saint-
Jean-de-Luz* et d'*Hendaye*, sur la Bidassoa.

Les principales pêches de l'Atlantique sont celles des huîtres (rade de Brest, Morbihan, embouchure de la Charente),
de la sardine (côtes de Bretagne) et des crustacés (homards,
langoustes, etc., côtes de Bretagne).

Tandis que dans la Manche les profondeurs les plus considérables ne dépassent pas 150 mètres, et que sur les côtes de
la Bretagne, de la Vendée et de l'Aunis le fond de l'Atlantique s'abaisse lentement, la pente est beaucoup plus rapide
dans le golfe de Gascogne, où la sonde atteint, à 150 kilomètres des côtes, des profondeurs de 500 mètres.

IV

Méditerranée. — La Méditerranée, séparée de l'Atlantique par l'isthme des Pyrénées, baigne la France sur une
étendue de près de 700 kilomètres, du cap *Cerbera*, pointe
extrême des Pyrénées orientales à l'embouchure de la Roya.

1° Les côtes du **golfe du Lion** (*Pyrénées-Orientales,
Aude, Hérault, Gard*), escarpées et rocheuses du cap Cerbera
à l'embouchure de la *Têt*, s'abaissent à partir de ce point jusqu'aux bouches du Rhône et décrivent un vaste demi-cercle,
bordé de plages sablonneuses, de marais salants, de lagunes
et d'étangs, tels que ceux de *Leucate* et de *Sijean*, entre l'embouchure de la Têt et celle de l'*Aude* ; de *Vendres*, de *Thau*, de
Mauguio et d'*Aigues-Mortes*, entre l'Aude et le Rhône ; de
Valcarés, dans l'île marécageuse de la *Camargue*, formée par
les deux bras principaux du fleuve ; enfin, à l'est du delta du
Rhône, le grand étang de *Berre*, qui communique avec le
golfe du *Fos* par un étroit canal. Sur presque tout le littoral
du golfe du Lion, les alluvions apportées par les nombreux
cours d'eau qui s'y jettent et peut-être un soulèvement progressif de la côte analogue à celui qu'on a observé dans
l'Atlantique, font reculer peu à peu la Méditerranée, transforment les golfes en étangs, séparés de la mer par de petites
dunes sablonneuses, et menacent les ports envahis peu à peu
par les sables et les galets. Tel a été le sort de *Narbonne*
(Aude) et de *Maguelonne* (Hérault), et tel est le danger qui

menace les ports d'*Agde* et de **Cette** (Hérault), l'un des plus actifs de la Méditerranée. **Port-Vendres** et *Collioure* (*Py-*

Fig. XIV. — Le port de Marseille.

rénées-Orientales), situés au pied des Pyrénées, sont des ports médiocres, mais n'ont pas à redouter l'ensablement.

2° Au-delà de l'étang de Berre, la côte se relève, les sables font place aux rochers; les îlots de *Pomègue*, de *Ratonneau* et du *château d'If* se dressent à l'entrée d'une large baie qui, avec ses eaux bleues et ses roches rougeâtres, ressemble à un golfe de la Grèce. C'est là qu'une colonie de Phocéens est venue fonder **Marseille** (Bouches-du-Rhône, 360,000 hab.), aujourd'hui notre premier port français, et l'une des reines du commerce de l'Orient.

La côte de **Provence** (*départements des Bouches-du-Rhône, du Var et des Alpes-Maritimes*), qui s'avance en arc de cercle, devient de plus en plus rocheuse et découpée. Ses profondes échancrures (rade de *Toulon*, golfe de *Giens*, rade d'*Hyères*, golfes de *Saint-Tropez*, de *Fréjus*, de la *Napoule*, golfe *Jouan*, célèbre par le débarquement de Napoléon en 1815, rade de *Villefranche*), ses caps escarpés et couronnés de verdure (caps *Couronne*, *Sicié*, cap *Cépet*, presqu'île de *Giens*, cap *Lardier*, cap de *Saint-Tropez*); ses îlots granitiques, les îles d'**Hyères** (Porquerolles, Port-Cros et île du Levant), les îles de **Lérins** (Sainte-Marguerite et Saint-Honorat), avec leurs bois de pins et de chênes-verts, annoncent le voisinage des Alpes, qui plongent jusque dans le golfe de Gênes leurs pentes couvertes de villas, de jardins, de bois d'oliviers et d'orangers.

Les principaux ports depuis Marseille jusqu'à l'embouchure de la Roya sont : **Toulon** (70,000 hab.), œuvre de Vauban, avec sa rade immense protégée par la presqu'île de *Cépet*, ses arsenaux et ses chantiers de construction les plus vastes de la Méditerranée ; *Fréjus*, envahi par les sables ; *Cannes*, avec ses avenues de palmiers et son délicieux climat ; *Antibes*, non loin de l'embouchure du Var ; **Nice** (66,000 hab.), le chef-lieu des Alpes Maritimes ; *Villefranche, Menton*, villes françaises depuis 1860 ; *Monaco*, petite principauté indépendante, rendez-vous de la foule élégante, qui vient chercher sous ce beau ciel la santé ou le plaisir.

3° **La Corse**, terminée au nord par le cap *Corse* et séparée de la grande île de Sardaigne, qui appartient à l'Italie, par un détroit hérissé d'écueils, celui de *Bonifacio*, est une île montagneuse, dont les côtes, très-élevées et très-découpées au nord et à l'ouest (golfes de *Saint-Florent*, d'*Ajaccio*, de *Valinco*), sont moins accidentées et souvent marécageuses à l'est. Les principaux ports de la Corse sont : au nord, **Bastia**, sur la côte orientale, et *Saint-Florent*, sur la côte occidentale ; à l'ouest, **Ajaccio**.

La profondeur de la Méditerranée, qui est de moins de 200 mètres dans le golfe du Lion, atteint 300 mètres à peu de distance du littoral sur les côtes de Provence : les marées, comme dans toutes les mers intérieures, y sont à peine sensibles.

En résumé, malgré l'étendue de ses côtes, la France a peu de bons ports : à l'exception du Havre et de Cherbourg, création tout artificielle, ceux de la Manche sont menacés par l'invasion des sables ou des galets ; ceux de l'Océan et de la Méditerranée ont à redouter le même danger et de plus le soulèvement progressif des côtes. Les plus profonds et les plus sûrs sont ceux qui s'ouvrent au milieu des rochers de la Provence et de la Bretagne.

RÉSUMÉ.

I

SITUATION. — La France est située entre 42 degrés 20 minutes et 51 degrés de latitude septentrionale, 7 degrés de longitude occidentale et 5 degrés de longitude orientale mesurés à partir du méridien de Paris.

BORNES. — Elle est bornée au nord-ouest par la *mer du Nord* et la *Manche*, à l'ouest par l'*Atlantique*, au sud par les *Pyrénées* qui la séparent de l'Espagne et par la *Méditerranée*, à l'est par les *Alpes* qui la séparent de l'Italie, le *lac de Genève* et le *Jura* qui la séparent de la Suisse; au nord-est par les *Vosges* et par une ligne de convention qui la séparent de l'Allemagne; au nord par le grand-duché de Luxembourg et la Belgique.

SUPERFICIE. DIMENSIONS. — La France offre à peu près la forme d'un hexagone ou figure à six côtés, dont trois forment la frontière maritime et les trois autres la frontière continentale. La superficie totale est d'environ 528,000 kilomètres carrés ou 52,800,000 hectares, y compris l'île de Corse. Avant les traités de 1871, la superficie de la France était de 543,000 kilomètres carrés.

La plus grande longueur du sud au nord est de 1,000 kilomètres (250 lieues kilométriques) : la plus grande largeur, de l'ouest à l'est, est de 960 kilomètres (240 lieues kilométriques).

II

LIMITES DU NORD-OUEST. MER DU NORD. MANCHE. — De la frontière de Belgique à la pointe Saint-Mathieu, où se termine la Manche, le développement des côtes est d'environ 900 kilomètres. La direction générale est du nord-est au sud-ouest. Elles sont baignées par la mer du Nord, par le Pas de Calais, qui n'a nulle part plus de 50 mètres de profondeur, et par la Manche dont les profondeurs extrêmes ne dépassent pas 150 mètres. On y remarque les caps *Grisnez* et d'*Antifer*, de la *Hève*, la presqu'île du *Cotentin* terminée par le cap de *la Hague*, le cap *Fréhel*, etc.

Les *principaux golfes* sont la baie de la *Somme*, le golfe de la *Seine* ou du *Calvados*, la baie du *mont Saint-Michel*, le golfe de *Saint-Malo*, la baie de *Saint-Brieuc*.

Les *principales îles* sont les îles anglo-normandes : *Aurigny*, *Guernesey*, *Jersey*, séparées du littoral par le *Raz de Blanchard* et le *passage de la Déroute*, les îles *Chausey*, l'île *Bréhat*, les *Sept Îles*.

Les *départements du littoral* sont le Nord, le Pas-de-Calais, la Somme (dunes et plages sablonneuses); la Seine-Inférieure (falaises); l'Eure, le Calvados, la Manche (plages et falaises bordées d'écueils); l'Ille-et-Vilaine, les Côtes-du-Nord, le Finistère (rochers).

Les *principaux ports* sont *Dunkerque* (Nord); *Calais* et *Boulogne* (Pas-de-Calais); *Dieppe*, Fécamp, le HAVRE (Seine-Infé-

rieure); Honfleur, (Calvados); CHERBOURG et Granville (Manche);
Saint-Malo (Ille-et-Vilaine); et Morlaix (Finistère).

III

LIMITES DE L'OUEST. ATLANTIQUE. — L'Atlantique et le golfe
de Gascogne baignent la France depuis la pointe Saint-Mathieu
jusqu'à l'embouchure de la Bidassoa, sur une étendue de 1,100
kilomètres. La direction générale des côtes est du nord au sud.

De la pointe *Saint-Mathieu* à la pointe du *Croisic* (embouchure
de la Loire) s'avance la presqu'île de *Bretagne* (pointes du *Raz*,
de la *Chèvre*, de *Penmarch*, presqu'île de *Quiberon*; baies de
Brest, de *Douarnenez*, d'*Audierne*, du *Morbihan*; îles d'*Ouessant*, de *Sein*, de *Glenan*, de *Groix* et de *Belle-Isle*).

De la pointe *Saint-Gildas* (embouchure de la Loire) à celle de
la *Coubre* (embouchure de la Gironde, rive droite), on rencontre
les îles de *Noirmoutier*, d'*Yeu*, de *Ré*, d'*Aix*, d'*Oléron*.

De la pointe de *Grave* (embouchure de la Gironde, rive gauche),
à la *Bidassoa*, les côtes sont bordées d'étangs (bassin d'*Arcachon*, étangs de *Carcans*, de *Lacanau*, de *Cazau*, de *Parentis*).

Le fond de l'Atlantique s'abaisse par une pente de plus en
plus rapide, à mesure qu'on s'éloigne des côtes.

Les *départements du littoral* sont sur l'Atlantique, le Finistère, le Morbihan (rochers et côtes granitiques); la Loire-Inférieure (marais salants); la Vendée, la Charente-Inférieure (plages
basses, marais salants); sur le golfe de Gascogne, la Gironde, les
Landes (dunes et étangs); et les Basses-Pyrénées (rochers).

Les *principaux ports* sont BREST (Finistère); LORIENT
(Morbihan), ports militaires; SAINT-NAZAIRE et NANTES (Loire-
Inférieure); La *Rochelle* et ROCHEFORT, port militaire (Charente-
Inférieure); BORDEAUX (Gironde); et *Bayonne* sur l'Adour
(Basses-Pyrénées).

IV

LIMITES DU SUD-EST. MÉDITERRANÉE. — La Méditerranée baigne
la France sur une étendue de près de 700 kilomètres, du cap
Cerbera à l'embouchure de la *Roya*.

Les *principaux golfes* ou baies sont le *golfe du Lion*, les rades
de Marseille et de Toulon, les golfes de *Giens*, de *Saint-Tropez*,
de *Fréjus*, le golfe *Jouan*, etc...

Les *principaux étangs* sont ceux de *Leucate*, de *Sigean*, de
Thau, de *Valcarès* et de *Berre*.

Les *caps et presqu'îles* sont le cap *Cerbera*, le cap *Couronne*,
le cap *Sicié*, la presqu'île de *Giens*, le cap *Lardier*.

Les *îles* sont celles d'*Hyères*, de *Lérins* et la CORSE (golfes
d'Ajaccio, de Valinco, de Saint-Florent, cap *Corse*), séparée de
la Sardaigne par le détroit de *Bonifacio*.

Les *départements du littoral* sont les Pyrénées-Orientales

3.

(rochers), l'Aude, l'Hérault, le Gard (plages sablonneuses et lagunes); les Bouches-du-Rhône, le Var, les Alpes-Maritimes (côtes rocheuses et découpées).

Les *principaux ports* sont *Port-Vendres* (Pyrénées-Orientales); Cette (Hérault); Marseille (Bouches-du-Rhône); Toulon, port militaire, (Var); *Nice* et Villefranche (Alpes-Maritimes); *Bastia* et Ajaccio (Corse).

Exercices

Carte du littoral français.

CHAPITRE II

LIMITES CONTINENTALES. LES PLACES FORTES.

I

Limites méridionales. Les Pyrénées.

La Bidassoa. — La limite entre la France et l'Espagne est formée, depuis le golfe de Gascogne, jusqu'au col de *Véra*, par la petite rivière de la **Bidassoa**, que le chemin de fer de Paris à Madrid franchit entre *Hendaye*, sur la rive française, et *Irun*, sur la rive espagnole : puis par un rameau des Pyrénées, les *montagnes de la basse Navarre*, qui se prolongent jusqu'au col de *Maya*. C'est la partie la plus faible de cette frontière, celle par où l'armée anglaise pénétra, en 1814, sur le territoire français. Elle est défendue par la place forte de **Bayonne**, qui n'a jamais été prise depuis sa réunion à la France.

Les Pyrénées. — Du col de Maya au cap *Cerbera*, sur la Méditerranée, sur une longueur d'environ 360 kilomètres, la frontière se dirige de l'ouest à l'est en suivant presque toujours la crête des Pyrénées, sauf sur deux points, les sources de la Garonne (val d'*Aran*), qui appartiennent à l'Espagne, et les sources de la *Segra* (Cerdagne française), qui appartiennent à la France.

Le massif des Pyrénées, bien qu'il soit traversé par de nombreux passages (plus de 150), forme une frontière à peu près infranchissable aux armées, sauf aux deux extrémités de la chaîne qui s'abaissent vers le golfe de Gascogne et la Méditerranée. Les principales routes praticables aux voitures sont dans les Pyrénées occidentales, celle de *Pampelune*, capitale de la Navarre espagnole, à *Bayonne* par le *col de Maya*; celle de Pampelune à *Saint-Jean-Pied-de-Port* (Basses-Pyrénées), par le *col de Roncevaux*, témoin du désastre si fameux de l'armée de Charlemagne et où la route carrossable s'interrompt pendant quelques kilomètres, et n'est plus qu'un chemin de mulets; enfin, la route inachevée de *Jaca*, en Espagne, à *Oloron*, en France, par le *Somport*; dans les Pyrénées-Orientales, celles de *Puycerda* (Cerdagne espagnole), à *Prades* (Pyrénées-Orientales), par le col de la *Perche*, que défend la forteresse française de *Mont-Louis*, et celle de *Figuières*, en Catalogne, à *Perpignan* (Pyrénées-Orientales), par le col de *Pertus*, que défend le fort de *Bellegarde*. Le chemin de fer de *Perpignan* à *Barcelone* (Espagne), franchit la frontière entre *Banyuls-sur-Mer* (France) et *Cerbera* (Espagne). Les Pyrénées-Orientales sont défendues par la place forte de **Perpignan**, qui domine toute la plaine du Roussillon, et qui a toujours arrêté les invasions de ce côté de la frontière.

Les départements qui touchent à la frontière sont : de l'ouest à l'est, les *Basses-Pyrénées*, les *Hautes-Pyrénées*, la *Haute-Garonne*, l'*Ariége* et les *Pyrénées-Orientales*.

II

Limites du sud-est. Les Alpes.

Les Alpes. — La frontière entre la France et l'Italie qui, avant l'annexion du comté de Nice (1860), était formée par le Var, a été reportée, à l'est de cette ancienne limite, jusqu'à la crète des collines qui dominent la rive droite de *la Roya*. Elle longe ensuite cette rivière et passe sur sa rive gauche, puis la franchit de nouveau, au sud du col de **Tende**, pour se diriger vers l'ouest et atteindre enfin la crète des Alpes, qu'elle suit aujourd'hui jusqu'au mont *Blanc*. Malgré leurs glaciers et leurs neiges éternelles, les Alpes sont moins inaccessibles que les Pyrénées. Les routes qui les franchissent sont nombreuses. Quelques-unes, comme celles du *col de l'Argentière* traversé par François Ier avant la bataille de Marignan (route de *Barcelonnette*, dans les Basses-Alpes, à *Coni*, en Piémont), et du col *Agnel* (route de *Briançon*, dans les Hautes-Alpes, à *Saluces*, en Piémont), ne sont que des chemins de mulets; mais celles du mont **Genèvre** et du mont **Cenis** qui partent, l'une de *Briançon*, l'autre de *Saint-Jean-de-Maurienne* (Savoie), et viennent se réunir à *Suse*, en Piémont, sont praticables aux gros charrois et ont été plus d'une fois franchies par les armées depuis Annibal jusqu'à nos jours. La route de *Moutiers* (Savoie) à *Aoste* (Piémont) par le col du *Petit Saint-Bernard* n'est pas entièrement carrossable.

Le chemin de fer de Lyon à Turin perce les Alpes entre le

mont *Cenis* et le mont *Thabor* par un tunnel de 13 kilomètres qui passe sous le col de *Fréjus*.

Les principales places fortes de cette frontière sont : *Embrun* et *Briançon* (Hautes-Alpes), qui défendent la vallée de la Durance, et **Grenoble** (Isère), l'une de nos plus importantes forteresses, située au débouché des montagnes, dans la vallée de l'Isère.

Les départements limitrophes de l'Italie sont, du sud au nord, les *Alpes-Maritimes*, les *Basses-Alpes*, les *Hautes-Alpes*, la *Savoie* et la *Haute-Savoie*.

III

Limites de l'est. Le Jura (Suisse) et les Vosges.

Le lac de Genève. — A partir du mont Blanc, la frontière se redresse vers le nord, s'éloigne de la chaîne principale et suit jusque sur les bords du lac de Genève un rameau des Alpes qui sépare le département de la *Haute-Savoie* du canton suisse du Valais.

Elle longe ensuite la rive méridionale du lac, l'abandonne à peu de distance de la ville de Genève, atteint le Rhône, qu'elle remonte pendant quelques kilomètres, traverse le fleuve et le chemin de fer de Lyon à Genève, et se dirige de nouveau vers le nord, séparée du lac par une étroite bande de terrain qui appartient au canton suisse de Genève. Le défilé par lequel le Rhône se fraie un chemin entre le Jura et les derniers contreforts des Alpes de Savoie, est fermé par le fort de l'*Ecluse* ; la place de **Lyon**, au confluent du Rhône et de la Saône, est la citadelle de la région de l'est et du sud-est.

Le Jura. — A partir du massif de la Dôle, la limite suit la crête du Jura, puis le Doubs, qui séparent la France des cantons de Vaud, de Neuchâtel et de Berne, coupe deux fois le cours capricieux de cette rivière et vient rejoindre les Vosges au ballon d'Alsace en embrassant le territoire de Belfort, le dernier débris de l'Alsace que nous aient laissé les traités de 1871.

Le Jura est franchi par un grand nombre de routes, dont les principales sont : celles de Lons-le-Saunier à Genève, par le col des *Rousses* ; de Pontarlier à Neuchâtel, par le col des *Verrières*, défendue par le fort de *Joux* ; et de Besançon au Locle, ville du canton de Neuchâtel, par le col des *Roches*.

Quatre lignes de chemin de fer traversent le Jura ; celle de Pontarlier à Lausanne (Suisse) par *Jougne* ; celle de Pontarlier à Neuchâtel, par le col des *Verrières* ; celle de Morteau à Bienne (Suisse) ; et celle de Montbéliard à Porrentruy (Suisse).

La principale place forte est **Besançon**, sur le Doubs (département du Doubs).

La trouée de Belfort. — Entre le Jura et les Vosges, le terrain s'abaisse ; aux montagnes succèdent des collines ou des plateaux peu élevés : c'est la trouée de Belfort, franchie par le canal du Rhône au Rhin, par la grande route de Paris à Bâle (Suisse), et par le chemin de fer de Belfort à Mulhouse et à Bâle. Ce point vulnérable n'est couvert que par le camp retranché de *Belfort*, la seule des grandes forteresses assiégées par les Prussiens en 1871, qui ait résisté jusqu'à la fin des hostilités.

Les départements limitrophes de la Suisse sont la *Haute-Savoie*, l'*Ain*, le *Jura*, le *Doubs* et le territoire de *Belfort* (*Haut-Rhin*).

La frontière avant 1871. — Avant les traités de 1871, la frontière française de l'est, à partir de la trouée de Belfort, suivait le cours du Rhin depuis *Huningue*, place forte démantelée en 1814, jusqu'à *Lauterbourg*, au confluent du fleuve avec la Lauter. Le Rhin avait donné son nom aux deux départements qui formaient autrefois la province d'Alsace, le Haut-Rhin et le Bas-Rhin. La grande place de **Strasbourg** couvrait à la fois le passage du fleuve et les défilés des Vosges. Les traités de 1871, en nous enlevant l'Alsace, à l'exception du territoire de Belfort, ont ramené la frontière aux Vosges et donné à l'empire d'Allemagne les deux rives du Rhin.

Les Vosges. — Les Vosges forment aujourd'hui la frontière entre l'Allemagne et la France, depuis le ballon d'Alsace jusqu'au mont Donon. Ces montagnes, percées de nombreux défilés : le col de *Bussang* (route d'Epinal à Mulhouse) ; le col du *Bonhomme* (route de Saint-Dié à Colmar) ; le col de *Sainte-Marie-aux-Mines* (route de Saint-Dié à Schelestadt) ; le col de *Schirmeck* (route de Saint-Dié à Strasbourg), ne seraient une défense que si nous possédions tout le versant occidental de la chaîne : les Prussiens étant maîtres des deux versants au nord du mont Donon, il est difficile de défendre sérieusement la ligne des *Vosges*, qui n'est couverte, du reste, que par des forts détachés dans le département qui porte leur nom.

IV

Frontières du nord-est et du nord.

Allemagne. — A partir du mont Donon, la frontière cesse d'être **naturelle**; ce ne sont plus des fleuves, des montagnes ou des mers qui limitent la France, mais des frontières de convention.

Avant 1871, la frontière, à partir du confluent du Rhin et de la Lauter, suivait d'abord la vallée de cette petite rivière où se livrèrent les premiers combats de la campagne de 1870 (bataille de Wissembourg), puis coupait les Vosges, la vallée de la Sarre, l'une des routes de l'invasion prussienne en 1870, et celle de la Moselle, défendue par les places de *Thionville* et de **Metz**, aujourd'hui occupées par la Prusse.

Depuis les traités de 1871, qui nous ont enlevé le département presque entier de la Moselle et une partie de celui de la Meurthe avec toutes les places fortes qui défendaient les passages des Vosges et les vallées de la Sarre et de la Moselle, la frontière se dirige vers le nord-ouest en coupant le chemin de fer de Nancy à Strasbourg, le canal de la Marne au Rhin, le cours de la Moselle et les lignes de Nancy et de Verdun à Metz. *Toul*, sur la Moselle, est la seule forteresse que nous ayons conservée.

Le département de *Meurthe-et-Moselle*, devenu frontière, est limitrophe de l'Alsace-Lorraine, la nouvelle conquête allemande, du grand-duché de Luxembourg et de la province du Luxembourg belge.

Belgique. — Depuis *Longwy* (Meurthe-et-Moselle), jusqu'à *Dunkerque*, la France n'est séparée de la Belgique que par une ligne de convention. La frontière, qui continue de courir vers le nord-ouest, traverse les plateaux des Ardennes, coupe le cours de la Meuse, se creuse en arc de cercle entre la Meuse et la Sambre, traverse la Sambre, l'Oise presque à sa source, l'Escaut et son affluent, la Lys, et vient aboutir à la mer du Nord, non loin de Dunkerque. Les départements limitrophes de la Belgique sont, de l'est à l'ouest, les départements de *Meurthe-et-Moselle*, de la *Meuse*, des *Ardennes*, de l'*Aisne* et du *Nord*.

Cette frontière étant complètement ouverte aux invasions, Louis XIV confia au grand ingénieur Vauban le soin de la fortifier et de suppléer par l'art aux défenses naturelles. *Montmédy* (Meuse) défend imparfaitement la trouée entre la Moselle et la Meuse ; sur la Meuse sont échelonnés, du sud au nord, *Verdun* (Meuse), *Mézières*, *Givet* (Ardennes). *Rocroi* (Ardennes) défend la trouée entre la Sambre et la Meuse ; *Landrecies* et *Maubeuge* (Nord), la vallée de la Sambre ; *Cambrai*, *Condé* et *Valenciennes* (Nord), celle de l'Escaut, et **Lille**, une des plus fortes places de l'Europe, sert de citadelle à tout ce système de fortifications. En seconde ligne, *Reims*, *Laon*, *la Fère* (Aisne), la citadelle d'*Arras* (Pas-de-Calais), *Péronne* (Somme), couvrent les routes de **Paris** qui, avec son enceinte bastionnée et son immense ceinture de forts détachés, est devenu la base sur laquelle s'appuie toute l'organisation défensive de notre nouvelle frontière, si largement ouverte à toutes les attaques.

RÉSUMÉ

LIMITES CONTINENTALES

1° Les LIMITES DU SUD entre l'Espagne et la France sont formées par la *Bidassoa*, les *Pyrénées occidentales* (cols de Maya et de Roncevaux) ; les *Pyrénées centrales* dont les passages sont impraticables pour une armée ; et les *Pyrénées orientales* (cols de la Perche, de Pertus).

Les *départements frontières* sont les Basses-Pyrénées (place forte, Bayonne), les Hautes-Pyrénées, la Haute-Garonne, l'Ariège, les Pyrénées-Orientales (Perpignan).

2° Les LIMITES DU SUD-EST ET DE L'EST sont formées : Entre la France et l'Italie, par les *Alpes maritimes* du col de Tende au mont Viso (col de l'Argentière) ; les *Alpes Cottiennes* du mont Viso au mont Cenis (cols du mont Genèvre et du mont Cenis, tunnel du chemin de fer de Lyon à Turin) ; les *Alpes Grées* du mont Cenis au mont Blanc (col du petit Saint-Bernard).

Les *départements frontières de l'Italie* sont les Alpes-Maritimes, les Basses-Alpes, les Hautes-Alpes (Embrun, Briançon), la Savoie et la Haute-Savoie. Grenoble (Isère) et Lyon (Rhône) sont les principales défenses de cette frontière.

3° Entre la France et la Suisse : par le *lac de Genève* et le *Jura* jusqu'à la trouée de Belfort, traversé par plusieurs routes ou lignes de chemin de fer (col des Rousses, col des Verrières, chemin de fer de Pontarlier à Neuchâtel, etc.).

Les *départements frontières de la Suisse* sont la Haute-Savoie, l'Ain, le Jura, le Doubs (Besançon).

4° Entre la France et l'Allemagne s'élèvent les *Vosges* (départements du Haut-Rhin (Belfort) et des Vosges), coupées par les cols de Bussang, du Bonhomme, de Sainte-Marie-aux-Mines et de Schirmeck, dans leur partie française.

5° La LIMITE DU NORD-EST ET DU NORD est une ligne conventionnelle qui sépare la France de l'*Allemagne* (département de Meurthe-et-Moselle, place forte de Toul); du *grand-duché de Luxembourg* (département de Meurthe-et-Moselle), et de la *Belgique* (départements de Meurthe-et-Moselle, de la Meuse (Verdun), des Ardennes (Mézières), de l'Aisne (Laon et la Fère), et du Nord (Landrecies, Maubeuge, Valenciennes, Lille).

Paris avec ses forts détachés est devenu la citadelle de la France septentrionale.

Exercices

Carte de la frontière française du Nord-Est avant et après 1871. — Lecture de la carte de l'état-major.

CHAPITRE III

LE RELIEF DU SOL.

La France du nord, du nord-ouest, de l'ouest et du sud-ouest est un pays de plaines, où aucun sommet n'atteint 430 mètres d'élévation au-dessus du niveau de la mer. L'est, le sud-est, le midi et le centre sont des pays de montagnes ou de plateaux dont les parties les moins élevées sont à plus de 200 mètres au-dessus du niveau de la mer. Les deux massifs les plus importants sont celui des Pyrénées au midi et des Alpes au sud-est.

I

Les Pyrénées.

Les Pyrénées. — Les Pyrénées françaises s'étendent de l'ouest à l'est, des sources de la Bidassoa (col de Maya ou de Belate) au cap Cerbera (Méditerranée), sur une longueur de 360 kilomètres environ et une largeur moyenne de 80 à 90. La chaîne s'abaisse et se rétrécit aux deux extrémités, et c'est dans la partie centrale qu'elle atteint sa plus grande épaisseur et sa plus grande élévation (3,400 mètres). C'est là aussi qu'elle se brise pour former une sorte de coude à angle droit qui interrompt sa direction régulière de l'ouest à l'est.

La chaîne principale est un massif abrupt dont les parois, taillées à pic comme les gradins d'un amphithéâtre, dessinent parfois des enceintes connues sous le nom de *cirques* (cirques de *Gavarnie*, de *Troumouse*, du *Lys*, etc.). Elle est dentelée et hérissée de pics qui se dressent en forme de pyramides; quelques-uns seulement, ceux qui atteignent

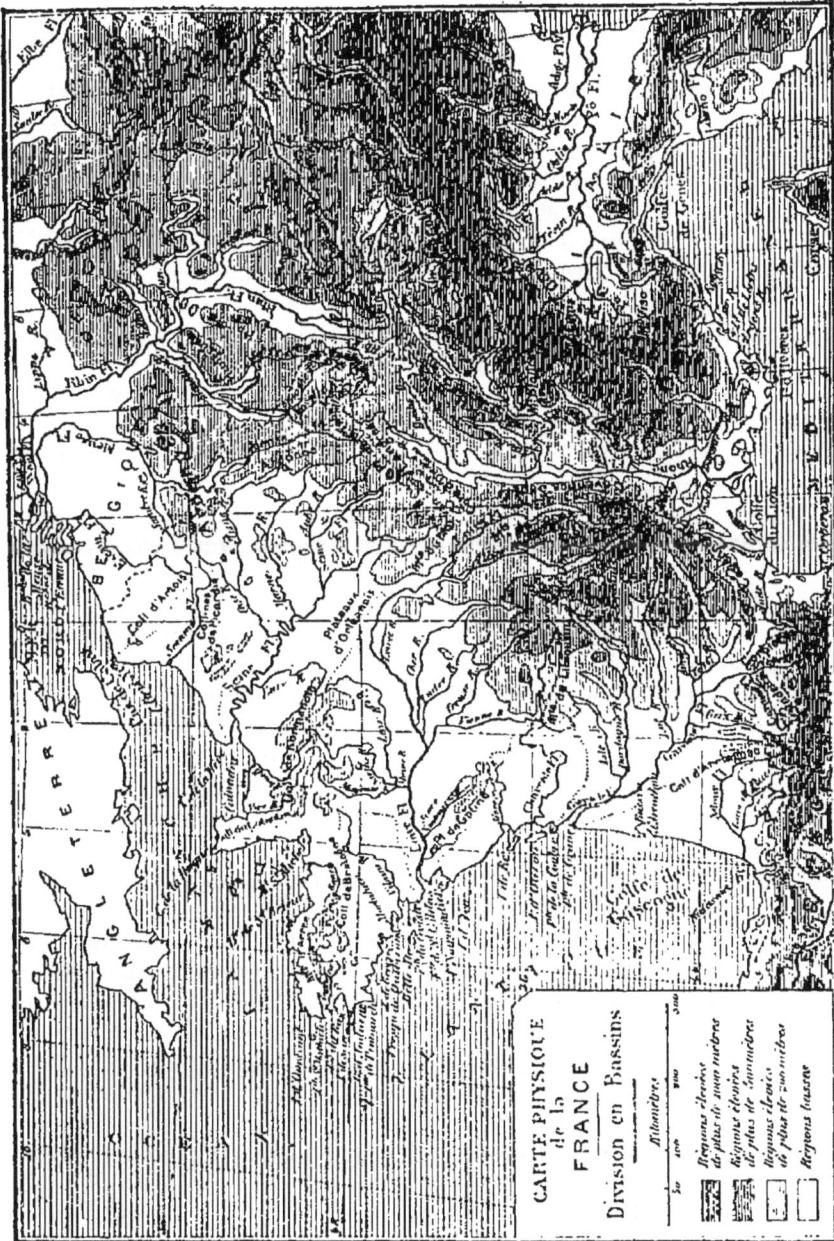

CARTE PHYSIQUE
de la
FRANCE
Division en Bassins

Carte V.

3,000 mètres sont couverts de neiges éternelles. Les Pyrénées ont peu de glaciers ; les plus importants sont ceux du Vignemale, du Marboré et du massif de la Maladetta ; mais aucun ne saurait rivaliser avec les gigantesques glaciers des Alpes. La pente méridionale est beaucoup plus escarpée que la pente septentrionale ; aussi les lacs, nombreux dans le versant français, sont-ils très-rares dans le versant espagnol. Situés pour la plupart à une grande élévation, ces lacs sont, du reste, plus remarquables par leur profondeur et par la fraîcheur glaciale de leurs eaux que par leur étendue : les plus grands, les lacs de Gaube et d'Oo, ne mériteraient même pas une mention s'ils appartenaient à la région des Alpes.

Les contreforts des Pyrénées sont à peu près perpendiculaires à la ligne de faîte et s'abaissent assez rapidement. A la naissance des vallées qu'ils séparent, la crête de la montagne présente de nombreuses échancrures connues sous le nom de *ports,* et qui sont au nombre de plus de 150 dans toute la longueur de la chaîne ; mais, sauf aux deux extrémités, la plupart de ces passages, situés à une élévation supérieure à celle des cols des Alpes, sont impraticables en hiver et inaccessibles même en été aux voitures ou au piéton inexpérimenté.

Les Pyrénées ont perdu la ceinture de forêts qui les ombrageaient autrefois ; l'if, le pin, les arbres des hautes régions, le sapin et le hêtre, qui descendent jusqu'à la plaine, y couvrent à peine une superficie de 500,000 hectares dans le versant français, et ces défrichements imprudents ont contribué à dénuder les flancs de la montagne, à tarir les sources et, dans la saison des orages ou de la fonte des neiges, à jeter dans les vallées, par tous les *gaves* ou torrents qui s'y précipitent, des masses d'eau qui les dévastent et s'écoulent en quelques jours, ne laissant derrière elles que la ruine et l'aridité.

Les pâturages, d'un accès difficile à cause des escarpements de la chaîne, sont loin d'être aussi abondants que ceux des Alpes et nourrissent surtout des moutons et des chèvres : l'ours et le chamois se rencontrent, comme dans les Alpes, dans les hautes vallées, mais deviennent de plus en plus rares.

Les Pyrénées renfermaient autrefois des mines d'argent exploitées par les Phéniciens ; ces mines sont épuisées depuis des siècles ; mais les Pyrénées françaises ont encore leurs belles carrières de marbres (Saint-Béat dans la Haute-Garonne, Campan dans les Hautes-Pyrénées), leurs mines de fer (Vicdessos dans l'Ariége, etc.), leurs mines de sel gemme et leurs nombreuses sources minérales presque toutes sulfu-

Fig. XV. — Chamois (hauteur jusqu'à la naissance du cou, 0ᵐ,70 à 0ᵐ,80).

reuses (*Eaux-Bonnes* dans les Basses-Pyrénées, *Baréges, Bagnères-de-Bigorre, Cauterets,* dans les Hautes-Pyrénées, *Bagnères-de-Luchon* dans la Haute-Garonne, *Amélie-les-Bains* dans les Pyrénées-Orientales).

Les Pyrénées franco-espagnoles se divisent en trois parties : 1° Des sources de la Bidassoa au pic de la *Munia* (3,150 mètres), qui domine le cirque de Troumouse, les **Pyrénées occidentales** ou Basses-Pyrénées (1,600 mètres de hauteur moyenne) avec le pic d'*Anie* (2,500 mètres), le pic du *Midi d'Ossau* (revers septentrional, 2,885 mètres), le *Vignemale* (3,300 mètres), le *Taillon* (3,080 mètres), le *Cylindre* et les tours de *Marboré* (ligne de faîte); le mont *Perdu* (3,352 mètres sur le revers espagnol) et les cols de *Maya,* de *Roncevaux,* célèbre par le souvenir de Charlemagne et de Roland, du *Somport,* de *Gavarnie,* etc.

2° Du cirque de *Troumouse* au pic de *Carlitte* (2,920 mètres) s'étendent les **Pyrénées centrales,** la partie la plus large, la plus élevée et la plus abrupte de la chaine, avec leurs sommets granitiques, le pic *Posets* (3,370 mètres), la *Maladetta* et le *Néthou* (3,404 mètres) sur le revers espagnol, le *Montvallier* (2,840 mètres) et le *Mont-Calm* (3,080 mètres) sur la ligne de faite; leurs cols presque tous élevés de plus de 2,000 mètres, le port d'*Oo*, le port de *Venasque*, le port de *Viella*, le col de *Puymorens* (1,920 mètres); leurs glaciers et leurs vallées profondément encaissées, le val d'*Aran*, où la Garonne prend sa source, le val d'*Andorre*, la *Cerdagne*, arrosée par la *Ségre*, etc.

Les principaux contreforts des Pyrénées occidentales et centrales sont, dans le versant français, les monts de la *basse Navarre* et les monts du *Bigorre*, dont le sommet le plus connu est le pic du *Midi de Bigorre* (2,880 mètres), et qui se prolongent par le plateau de *Lannemezan* et les collines de l'*Armagnac* et du *Bordelais*.

3° Du pic de Carlitte à la pointe Cerbera, les **Pyrénées orientales** (hauteur moyenne 1,500 mètres), qui prennent à leur extrémité le nom de monts *Albères*, ont peu de sommets qui dépassent 2,800 mètres (pic de la *Vache*, pic du *Géant*, *Puigmal*).

Les contreforts les plus importants sont les *Corbières occidentales*, qui se détachent du pic de Carlitte et courent vers le nord jusqu'au col de *Naurouse* en s'abaissant rapidement; les *Corbières orientales*, qui, partant du même point, courent entre l'Aude et la Méditerranée, et le massif imposant du *Canigou* (2,785 mètres), qui domine la plaine du Roussillon.

II

Le massif central.

Description générale. — Au pied des Pyrénées s'étendent la plaine sablonneuse des Landes, la riche et large vallée de la Garonne et les plaines du Roussillon et du Narbonnais; mais sur la rive droite de la Garonne, le terrain se relève rapidement; ce sont les premières terrasses d'un vaste massif montagneux que sa situation à peu près au centre de la France a fait nommer le **massif central**, ou moins exactement le *plateau central*. Il occupe un surface de près de 80,000 kilomètres carrés et comprend les anciennes provinces du Limousin, d'Auvergne, de la Marche, avec une partie de la Guienne, du Languedoc, du Lyonnais, du Bourbonnais et de la Bourgogne. Au nord, la pente s'efface peu à peu dans les plaines marécageuses du Berry et de la Sologne; à l'ouest, dans les vallons de la Saintonge et du Poitou; au sud, dans la vallée de la Garonne et la plaine maritime du bas Languedoc; à l'est et au nord-est, elle se relève brusquement pour former la chaîne des **Cévennes**, qui domine par des pentes rapides la vallée du Rhône et de la Saône, et le massif du *Morvan*, dernier renflement de cette énorme protubérance du sol français.

Le massif central, dont l'élévation moyenne varie de 400 à 800 mètres, est formé de terrains granitiques, sillonné par de nombreux cours d'eau, coupé de vallées profondes, qui doivent naissance, les unes aux convulsions volcaniques, les autres à l'action plus lente des eaux qui ont raviné le sol. Les cratères éteints, où dorment de petits lacs aux eaux profondes, les coulées de lave, les chaussées et les colonnades de basalte conservent les traces des bouleversements que dut subir la France

Fig. XVI. — Chaîne des puys (Auvergne).

centrale, au temps où des centaines de volcans, debout aux bords des lacs aujourd'hui desséchés, vomissaient des torrents de flammes, et où les tremblements de terre secouaient le sol, creusaient les vallées et déchiraient les montagnes.

Les montagnes d'Auvergne et du Limousin. — Le massif est surmonté par plusieurs chaînes de montagnes presque toutes volcaniques, et qui paraissent rayonner d'un centre commun, le nœud des monts **Lozère** dans la chaîne des *Cévennes*.

De ce point central se détachent vers l'ouest, entre la vallée du Tarn et celle du Lot, les monts *Lévezou* et les plateaux arides du *Rouergue*; vers le nord-ouest, dans une sorte de presqu'île formée par le Lot et son affluent la Truyère, se dressent les monts d'*Aubrac* avec leurs volcans éteints et leurs sources sulfureuses (Chaudesaigues, etc.).

Dans la même direction entre la vallée de la Truyère et celle de l'Allier, courent les monts de la **Margeride**, arête élevée de 1,400 à 1,500 mètres et couverte de forêts.

Un plateau âpre et nu élevé de 1,000 à 1,100 mètres, la *Planèze*, sépare les monts d'Aubrac et ceux de la Margeride du massif volcanique du *Cantal* (*Plomb du Cantal*, 1,858 mètres, *Puy Mary*, 1,787 mètres), où commencent les monts d'**Auvergne**. Au nord du Cantal, auquel il se rattache par une chaîne moins élevée, se dresse le massif du mont *Dore*, le point culminant de la France intérieure, avec ses deux sommets jumeaux, le *Sancy* (1,886 mètres) et le *Puy-Ferrand*; ses lacs (lac Pavin, lac Chambon), dormant au fond des cratères, et ses nombreuses sources thermales (*mont Dore*, *la Bourboule*).

Du mont Dore se détachent vers le nord, entre la vallée de l'Allier et celle de la Sioule, la chaîne des *Puys* ou des *Dômes*, espèce de plateau dominé par plus de soixante cratères éteints ou montagnes volcaniques, dont les plus connues sont le *Puy-de-Dôme* (1,465 mètres), point culminant de la chaîne et le Puy de *Pariou*; vers le nord-ouest, les monts de la *basse Auvergne*, les monts du **Limousin** (mont *Audouze*, plateau de *Millevaches*, etc.), plateaux balayés par le vent, couverts de bruyères, de pâturages et de forêts de châtaigniers.

Les monts du Limousin se prolongent au nord par les montagnes granitiques de *la Marche*, au nord-ouest par les collines rocheuses du *Poitou* (150 mètres de hauteur moyenne), le plateau de *Gâtine* et les vertes collines du *Bocage* qui viennent mourir dans les sables à l'embouchure de la Loire; à l'ouest par les collines du *Périgord* et de *Saintonge*, qui se terminent à la pointe de la Coubre.

III

Les Cévennes et leurs prolongements.

Les Cévennes. — Dans la direction du nord, le massif des monts Lozère envoie entre l'Allier et la Loire un rameau qui porte successivement les noms de **monts du Vélay,** volcans éteints comme les puys d'Auvergne, de *monts du Forez* (point culminant le mont Pierre-sur-Haute, 1,640 mètres), et de monts de la *Madeleine,* et qui se termine dans les plaines du Bourbonnais. Enfin les monts Lozère sont le point central de la longue chaîne des Cévennes qui dessine au sud-est et à l'est la limite des hautes terres de la France centrale.

Du col du Naurouse au mont Lozère, les **Cévennes méridionales** (*côteaux de Saint-Félix, montagnes Noires, monts de l'Espinouse, monts de l'Orb,* plateaux des *Garrigues* et monts du *Gévaudan*) sont des montagnes en partie boisées qui courent du sud-ouest au nord-est et dont la hauteur varie entre 500 et 1,570 mètres (massif de l'*Aigoual*). S'abaissant en pentes abruptes, en plateaux calcaires désignés sous le nom de *garrigues* ou en terrasses cultivées du côté de la Méditerranée, les Cévennes méridionales s'allongent sur l'autre versant en larges plateaux pierreux, arides, à peine couverts d'une herbe sèche et clair-semée, et que les montagnards appellent des causses (*cau,* pierre à chaux, en patois cévenol). Les plus désertes et les plus vastes sont la causse *Méjean,* la Causse de *Sauveterre* et celle de *Larzac*.

Des monts Lozère au *mont Saint-Vincent* (sources de la Dheune) s'étendent les **Cévennes septentrionales :** *monts du Vivarais* avec leurs cratères, leurs aiguilles volcaniques, leurs chaussées de basalte et leurs sommets dénudés, les plus élevés des Cévennes (monts *Mézenc,* 1,754 mètres; *Gerbier des Joncs,* 1,562 mètres), les monts du *Lyonnais,* qui commencent au mont *Pilat* (1,434 mètres); ceux du *Beaujolais* (mont *Tarare*), croupes monotones tantôt couvertes de bois, tantôt cultivées et dominées par les ruines de nombreuses tours féodales; enfin les monts du *Charolais,* mieux arrosés et plus boisés, et que la vallée de l'Arroux sépare seule du massif granitique du **Morvan,** pays de forêts, de prairies, de vallées sauvages et d'étangs ombragés, dont les points culminants atteignent 900 mètres.

Les prolongements des Cévennes. — Les Cé-
vennes se prolongent vers le nord jusqu'aux Vosges par une

Fig. XVII. — Une chaussée basaltique (Ardèche).

bande de petites montagnes ou de terrains élevés qui forme
trois sections principales et qui sépare le bassin supérieur de
la Seine, de la Meuse et de la Moselle de celui de la Saône.
Ce sont du sud au nord :

1° Du mont *Saint-Vincent* au mont *Tasselot* (593 mètres)
la **côte d'Or**, série de gradins dont les premières assises
sont couvertes de vignobles auxquels succèdent des pentes
boisées, des plateaux, les uns cultivés, les autres couverts de
forêts et sillonnés de vallées pittoresques (point culminant
636 mètres).

2° Du mont Tasselot aux sources de la *Meuse* le **plateau
de Langres**, plaines élevées de 400 à 500 mètres, aux
talus rapides sur le versant oriental, sans fortes dépressions.

et dont les seuls sommets sont quelques mamelons arrondis.

3° Des sources de la Meuse au *Ballon d'Alsace* les monts **Faucilles**, recourbés en demi-cercle et composés de plateaux fortement ondulés dont les flancs sont couverts de forêts (point culminant 613 mètres).

Les plateaux et les collines du nord-ouest et du nord. — La France occidentale et septentrionale n'a pas de chaînes de montagnes. Les plateaux entre Seine et Loire, qui se rattachent aux monts du Morvan par les collines boisées du *Nivernais*, et qui couvrent une partie de l'Orléanais et de l'Ile-de-France, devraient être désignés sous le nom de *plateaux de la Beauce* plutôt que sous la dénomination trop restreinte de plateau d'Orléans. Ils n'ont pas plus de 100 à 200 mètres d'élévation. Les collines du *Perche* et de *Normandie* avec leurs forêts, leurs vallées encaissées et leurs pentes abruptes qui rappellent les vrais pays de montagnes, les *collines de Bretagne*, plateaux granitiques couverts de bruyères, d'ajoncs et de pâturages, et qui se bifurquent à leur extrémité en deux branches, les *monts d'Arrée* et les *Montagnes Noires*, n'ont aucun sommet qui dépasse 430 mètres.

Les *plateaux de Champagne*, entre le cours de l'Yonne et celui de l'Aisne, plateaux coupés par la Seine, l'Aube et la Marne et formés de terrains crayeux, atteignent une hauteur moyenne de 150 à 200 mètres.

Les *collines de la Meuse*, qui prennent naissance au plateau de Langres, les plateaux boisés de l'*Argonne*, entrecoupés de marécages et de bas-fonds, de collines aux crêtes noirâtres et dénudées, ne s'élèvent pas au-dessus de 400 mètres. Enfin les derniers rameaux qui s'en détachent, au nœud de Saint-Quentin, pour venir se perdre dans les plaines de Belgique ou plonger dans la Manche par les *falaises normandes* : les collines de *Belgique*, les collines de l'*Artois*, les collines de *Picardie* et du pays de *Bray*, prolongées jusqu'à la mer par les plateaux crayeux du pays de *Caux*, n'atteignent nulle part une hauteur de 300 mètres.

IV

Les Vosges et le Jura.

Les Vosges. — Le nord-est de la France, une partie de

la Belgique et de l'Allemagne rhénane sont occupés au contraire par un vaste plateau qu'on pourrait appeler plateau de la **Lorraine** ou des **Ardennes**, et dont l'élévation moyenne est de 200 à 400 mètres. Cette surface accidentée, en partie boisée et coupée de vallées étroites et profondes, est sillonnée par plusieurs chaînes de collines, dont la principale longe la rive droite de la Meuse sous le nom de *côtes lorraines*, se relève dans le Luxembourg, où elle atteint une hauteur de plus de 600 mètres, et se prolonge à travers la Prusse rhénane jusqu'aux bords du Rhin, où elle s'épanouit en plateaux tourmentés, semés de cratères éteints et dont les sommets dépassent 860 mètres. Cette région, située entre la Meuse et la Moselle, porte le nom de *Fagnes* en Belgique et d'*Eifel* en Allemagne.

La limite orientale du plateau lorrain est dessinée par la chaîne des **Vosges**, qui domine la rive gauche du Rhin. Long d'environ 280 kilomètres, large de 30 à 60, le massif des Vosges se dirige du sud au nord parallèlement au cours du Rhin.

Les cimes sont en général arrondies (on les désigne sous le nom de *ballons*), et couvertes de forêts de sapins, entrecoupées de pâturages, tandis que les premières pentes sont semées de bois de noisetiers, de hêtres et de châtaigniers. Le versant oriental, qui descend vers la vallée du Rhin, est beaucoup plus rapide que le versant occidental, qui se prolonge par les plateaux de la Lorraine, avec leurs champs de pommes de terre, leurs forêts de chênes et leurs petits lacs encadrés de verdure.

La partie la plus élevée de la chaîne est celle qui porte le nom de **Vosges méridionales**, et qui s'étend du *ballon d'Alsace* (1,250 mètres) au *mont Donon* (1,017 mètres). Le point culminant est le ballon de *Guebwiller* (1,427 mètres) dans le versant oriental. Cette partie des Vosges est coupée par les cols de *Bussang*, du *Bonhomme* et de *Sainte-Marie-aux-Mines*, qui les franchissent entre 700 et 1,000 mètres d'élévation. — Les **Vosges centrales**, moins élevées, moins épaisses, coupées au *col de Saverne* par le canal de la Marne au Rhin et le chemin de fer de Nancy à Strasbourg, au col de Bitche par le chemin de fer de Metz à Strasbourg, commencent au mont Donon et finissent aux sources de la Lauter. La partie **septentrionale** des Vosges, élevée en moyenne de 300 à 400 mètres, se prolonge jusqu'aux bords du Rhin par les plateaux tourmentés et boisés du *Hardt* (point culminant, le mont *Tonnerre*, 690 mètres.)

Les passages des Vosges sont nombreux, les routes faciles et bien entretenues, et la chaîne est coupée par plusieurs lignes de chemins de fer.

Entre les Vosges et le Jura il existe une lacune que nous avons déjà décrite sous le nom de trouée de Belfort, et dont la principale dépression est franchie par le canal du Rhin au Rhône.

Le Jura. — Le Jura, dont la longueur totale est d'environ 300 kilomètres, et la largeur de 50 à 60, se compose de plusieurs chaînons parallèles qui se courbent comme un arc dans la même direction que la grande chaîne des Alpes (du sud-ouest au nord-est), et qui vont en s'abaissant de l'est à l'ouest. Du côté de la Suisse, un long rempart presque à pic, qui s'abaisse à mesure qu'il s'éloigne vers le nord, des cimes aplaties qui se détachent sur le ciel comme des créneaux irréguliers, et au pied de la montagne, de grands bassins aux eaux limpides, les lacs de Genève, de Neuchâtel et de Bienne : du côté de la France, des plateaux boisés ou humides, des gorges étroites, appelées *combes* ou *cluses*, où bouillonnent des cascades, des terrains qui se plissent d'une façon capricieuse et dont les dernières ondulations viennent s'effacer dans les plaines marécageuses de la Bresse et dans les vallons de la Franche-Comté ; tel est l'aspect général du Jura.

On le divise ordinairement en trois sections.

Du défilé de *Pierre-Châtel*, où s'engouffre le Rhône qui s'y est ouvert un passage à travers les rochers, au *col de Jougne*, **le Jura méridional**, la partie la plus sauvage et la plus élevée de la chaîne, avec ses sommets de plus de 1,700 mètres, le *Grand-Credo* (1,608 mètres), le *Crêt de la neige* (1,724 mètres), le *Reculet* (1,720 mètres), le *mont Dôle* (1,680 mètres), le *mont Tendre* (1,682 mètres), le *Colombier*, le *Noirmont*, etc... et ses cols d'accès assez difficile (défilé de l'*Ecluse*, col des *Rousses*, etc.)

Du col de Jougne au coude du Doubs (près de *Sainte-Ursanne*), le **Jura central** (*mont Suchet* (1,595 mètres), *Chasseron* (1,610 mètres); col des *Verrières* (coupure de *Morteau*, etc.). Les crêtes secondaires (*Lomont* et mont *Terrible*) atteignent des hauteurs de 800 à 1,000 mètres.

Du coude du Doubs au Rhin, le **Jura septentrional** ou helvétique, dont les plus hauts sommets atteignent 1,300 mètres dans la crête principale.

Profil de la France, de Bordeaux (Embouchure de la Gironde) au Mont Genèvre (1)

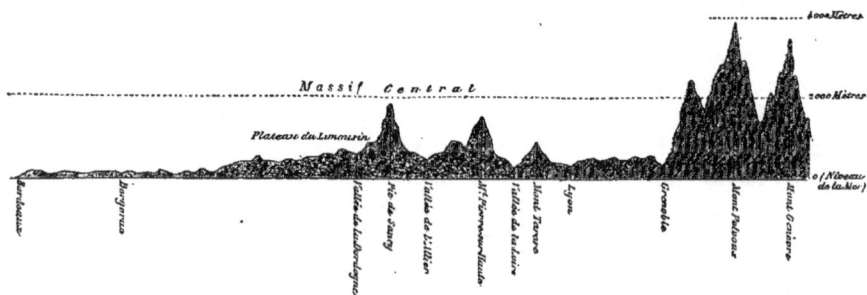

(1) L'échelle horizontale est de 3,500,000. les hauteurs sont exagérées par rapport aux longueurs dans la proportion de 30 à 1.

Carte VI.

V

Les Alpes. Description générale.

Les Alpes. Description générale. — La chaîne
des Alpes, le massif le plus élevé du continent européen, le
principal réservoir des eaux de l'Europe occidentale et centrale, se recourbe en demi-cercle du golfe de Gênes à l'Adria-
tique sur un développement de 1,500 kilomètres et une largeur moyenne de 150 à 190.

La partie française des Alpes commence au mont Blanc
et finit un peu avant le col de Tende.

Le massif entier des Alpes françaises est compris entre la
Méditerranée, au sud; les plaines de l'Italie septentrionale,
à l'est; la vallée du Rhône, au nord et à l'ouest. Il s'étend
sur une longueur de 480 kilomètres, une largeur de 190 à
200, et une superficie de huit millions d'hectares. Du côté de
l'Italie, la chaîne est escarpée, les contreforts très-courts et
très-rapides, et les vallées perpendiculaires à la crête; du
côté de la France, l'épaisseur du massif est beaucoup plus
considérable, les contreforts plus importants, les vallées plus
élevées, plus étendues et souvent parallèles à la crête de
la montagne.

Les Alpes françaises présentent, comme tout le reste de la
chaîne, quatre zones successives, à mesure que l'on s'élève.
Jusqu'à une hauteur de 900 à 1,000 mètres des terrains cultivés, semés de bois de hêtres, de châtaigniers et de chênes;
de 1,000 à 1,800 mètres, les bouleaux et les arbres résineux,
sapins, mélèzes, épicéas; au-dessus de 1,800 mètres et jusqu'à
la limite des neiges, les pâturages où les troupeaux viennent
passer les mois d'été. Autrefois les premières chaînes des
Alpes, dont la hauteur ne dépasse pas 1,600 à 1,700 mètres,
étaient couvertes de forêts jusqu'au sommet : le défrichement
de ces forêts, qui sont presque détruites surtout dans les départements du Var, des Basses-Alpes et des Hautes-Alpes, a
eu des conséquences désastreuses : les pluies ont emporté
peu à peu la terre végétale qui n'est plus retenue par les
racines des arbres : les pâturages mêmes, ruinés par les troupeaux de moutons ou de chèvres qui arrachent l'herbe au
lieu de la tondre (1), ont disparu comme les forêts ; les eaux,

(1) Voir la *Géographie* de M. Onésime Reclus, page 645.

au lieu de s'infiltrer dans le sol, glissent sur la roche nue et précipitent dans le lit des torrents roulant sur ces pentes rapides avec la vitesse d'un cheval au galop, de véritables trombes qui vont ravager les vallées et qui minent la montagne.

Les chaînes moyennes, qui ne dépassent pas 2,500 mètres, sont couvertes de neige, pendant sept à huit mois; enfin, dans la grande chaîne, la limite des neiges éternelles descend jusqu'à 2,700 mètres dans le versant septentrional, 2,900 dans le versant méridional, et les hautes vallées, les plateaux resserrés entre les cimes les plus élevées, sont envahis par les glaciers qui cheminent lentement sur la pente de la montagne et descendent parfois jusqu'à 1,600 et même 1,200 mètres.

Les Alpes ont leurs animaux et leurs végétaux particuliers; le chamois, la marmotte, qui vivent dans les hautes régions,

Fig. XVIII. — Marmotte. (L'animal est de la grosseur d'un chat.)

l'ours brun, qui se cache dans les forêts; les lichens, espèce de mousse à filaments jaunâtres, qu'on rencontre jusqu'à 3,600 mètres d'élévation; la gentiane, l'arnica, la digitale, l'absinthe, etc...

Les habitants des Alpes sont, en général, une race énergique et vigoureuse. Cependant, « dans les vallées basses, » étroites, enfoncées, qui ne reçoivent les vents secs que très-» obliquement, les eaux des torrents et des pluies s'arrêtent et » deviennent marécageuses. L'air n'y circule pas, les brouil-

» lards et l'humidité y sont perpétuels. C'est dans ces endroits
» qu'on trouve les êtres faibles, mous et stupides qu'on nomme
» crétins. Leurs bras abattus, leur bouche béante, leur cou
» tuméfié et pendant, leur couleur blafarde laissent voir le
» dernier terme de la dégradation humaine et de la dégé-
» nérescence animale (1). »

VI

Les Alpes françaises.

Alpes maritimes. — La chaîne principale des Alpes
françaises se divise en trois grandes sections :

Du col de *Cadibone* au mont Viso s'étendent les **Alpes
maritimes**, dont les pics les plus élevés n'ont guère plus
de 3,000 mètres. Elles longent la Méditerranée jusqu'à Nice,
si rapprochées de la mer, que la fameuse route de la Corni-
che (route de Nice à Gênes, en Italie), est pour ainsi dire
suspendue au flanc de la montagne et taillée dans le rocher.
A partir du col de Tende, la chaîne remonte vers le nord, en
décrivant quelques sinuosités : les principaux cols sont, outre
le col de Tende, qui appartient à l'Italie, ceux de l'*Argentière,* franchi en 1515 par François Ier, avant la bataille de
Marignan, et d'*Agnello* (col Agnel), au pied du mont Viso.

Alpes cottiennes. — Du mont Viso, dont le sommet
neigeux s'élève à 3,836 mètres, au mont Cenis, les Alpes Cottiennes ont conservé le nom d'un chef barbare contemporain
d'Auguste, le roi Cottius qui régnait sur quelques peuplades de
la montagne. Leurs principaux sommets sont : le mont *Genèvre*
(3,680 mètres), le mont *Thabor* (3,180 mètres), et le mont
Cenis (3,490 mètres). Les cols les plus importants sont ceux
d'*Abriès,* du mont *Genèvre,* un des plus anciennement fré-
quentés de toute la chaîne occidentale, de *Fréjus,* sous lequel
a été percé le tunnel du chemin de fer d'Italie, entre Modane,
en France, et Bardonèche, en Italie, et du mont *Cenis,* qui
doit à Napoléon Ier une des plus belles routes des Alpes. Les
deux routes du mont Genèvre et du mont Cenis se réunissent
après avoir franchi la ligne de faîte, dans la vallée de la Dora
Riparia, au *Pas de Suse,* clef de l'Italie, théâtre de fréquents
combats depuis Charlemagne jusqu'à Louis XIII.

Alpes Grées. — Du mont Cenis au mont Blanc s'élè-

(1) Malte-Brun, *Géographie universelle.*

vent, dans la direction du sud au nord, les Alpes Grées ou Rocheuses (du celtique *craigh*, rocher, pointe), dont un seul col est fréquenté, celui du *petit Saint-Bernard*. Les Alpes Grées renferment de nombreux glaciers, ceux de la *Vanoise*,

Fig. XIX. — Glacier des Bois.

du col *Iseran*, de *Ruitor*, au sud du petit Saint-Bernard ; mais leurs plus hautes cimes s'effacent devant le massif majestueux du **mont Blanc**, le géant de nos montagnes européennes.

Le massif du mont Blanc est limité : au sud, par le *col de la Seigne* ; à l'est, par l'allée Blanche et le val de Ferret ; au nord, par le *col de Balme* ; au nord-ouest, par la vallée de Chamonix, où coule le torrent de l'Arve. Hérissé d'aiguilles dont la plus haute s'élève à 4,810 mètres, couronné de neiges éternelles et presque toujours enveloppé de nuages, le *mont Blanc* est en partie couvert de glaciers (glacier des Bossons, Mer de glace, glacier de l'Argentière), qui occupent une superficie de 2,800 hectares et alimentent les eaux de l'Arve et de la Dora Baltea, affluent du Pô.

VII

Ramifications des Alpes.

Ramifications des Alpes. Versant français.
— Les rameaux les plus importants des Alpes sont, du nord au sud : 1° les Alpes du *Valais*, dominées par le dôme neigeux du mont *Buet*, qui se détachent du mont Blanc et se prolongent jusqu'aux bords du lac de Genève.

2° Les *Alpes de Savoie*, qui partent également du mont Blanc et se divisent en deux grands massifs ; l'un, entre l'Arve et le Fier, chaos de montagnes boisées et de plateaux ravinés par les eaux ; l'autre, entre le lac d'Annecy, le lac du Bourget et la vallée de l'Isère, connu sous le nom de monts des *Bauges* et prolongé par le massif sauvage et pittoresque de la *Grande-Chartreuse*.

3° Entre la vallée de l'Isère et celle de l'Arc se dressent les monts de la *Vanoise* avec leurs nombreux glaciers.

4° Du mont Thabor se détachent les *Alpes de Maurienne*, épais contrefort dominé par le pic des *Trois-Ellions* (3,880 mètres), et qui sépare la vallée de l'Arc de celle de la Romanche, affluent du Drac.

5° Du même point partent les **Alpes du Dauphiné**, massif imposant dont les glaciers, les gorges sauvages, les pics escarpés (pic des Ecrins, 4,100 mètres, dans le massif du *Pelvoux*, mont *Olan*, monts du *Dévoluy*, etc.), le disputent à ceux de la grande chaîne. Les Alpes du Dauphiné séparent le bassin de l'Isère de celui de la Durance, et vont s'épanouir au nord de la Provence par les massifs des *monts de Lure*, du *mont Ventoux* et du *mont Luberon*.

6° Des Alpes maritimes se détachent les **Alpes de Provence**, dont les rameaux séparent les vallées des affluents de gauche de la Durance, et se prolongent vers le littoral de la Méditerranée sous le nom de *monts de l'Esterel*, *monts des Maures*, *montagnes de la Sainte-Baume*, *monts Sainte-Victoire* et de chaîne des *Alpines*, montagnes dénudées et sauvages, dont quelques-unes seulement conservent leur couronne de chênes-lièges et de sapins.

La Corse. — Les montagnes de la **Corse** forment un massif qui couvre l'île presque tout entière, et dont les points culminants sont le *monte Cinto* (2,707 mètres), et le *monte Rotondo* (2,624 mètres). Des vallées étroites où coulent des torrents, souvent desséchés en été, et que séparent des contreforts épais, de maigres pâturages, des forêts de chênes et de pins; des broussailles impénétrables, qui portent le nom de *maquis*, tels sont les traits caractéristiques des montagnes de la Corse, qui paraissent se rattacher au système des Alpes.

RÉSUMÉ.

Le relief du sol.

I

DESCRIPTION GÉNÉRALE. — Les régions les plus élevées de la France sont : au sud, celle des PYRÉNÉES; à l'est, celle des ALPES, qui se prolongent en s'abaissant par le *Jura* et par les *Vosges*. Ce sont des pays de montagnes. Au centre s'élève un massif d'une hauteur moyenne de plus de 600 mètres, dominé par des chaînes volcaniques et dont la pente va mourir à l'ouest, au sud-ouest et au nord dans les deux larges bassins de la Garonne et de la Loire, tandis qu'elle se prolonge, au sud, par les *Cévennes méridionales*, et qu'elle se relève brusquement à l'est pour former les *Cévennes septentrionales*.

La pente occidentale des Vosges se prolonge jusqu'à la vallée de la Meuse par un plateau élevé en moyenne de 200 à 400 mètres, qui occupe le nord-est de la France et qu'on peut désigner sous le nom de *plateau de la Lorraine*.

Tout le reste de la France est une région de plaines, mais entre les plaines basses du nord et celles de l'ouest et du sud-ouest dont aucun point, sauf quelques collines, n'est à plus de 80 mètres au-dessus du niveau de la mer, s'avance une bande de terrains plus élevés (hauteur moyenne de 100 à 250 mètres), qui séparent le bassin de la Loire de celui de la Seine, et qui se prolongent jusqu'à l'extrémité de la presqu'île de Bretagne.

LES PYRÉNÉES. — Entre l'Espagne et la France se dressent les *Pyrénées*, montagnes élevées en moyenne de plus de 2,000 mètres, hérissées de pics, n'ayant que peu de glaciers et de neiges éternelles. Elles se divisent en trois sections :

1° *Pyrénées occidentales*, du col de Maya jusqu'au cirque de *Troumouse* (pic d'Anie, pic du Midi d'Ossau, monts Vignemale, Perdu, Marboré, pic du Midi de Bigorre, cols de Roncevaux, du Somport et de Gavarnie).

2° *Pyrénées centrales*, du cirque de Troumouse au pic de *Carlitte* (pic Posets, mont Maladetta, mont NÉTHOU, point culminant des Pyrénées (3,404 mètres), cols de Venasque et de Puymorens, val d'Aran);

3º *Pyrénées orientales*, du pic de Carlitte au cap Cerbera (mont Canigou, Puigmal, cols de la Perche, de Pertus).

Des Pyrénées occidentales se détachent, sur le versant septentrional, les montagnes de la *basse Navarre*, des Pyrénées centrales, les monts de *Bigorre* prolongés par les collines de l'*Armagnac*; des Pyrénées orientales, les *Corbières* orientales et les Corbières occidentales qui se prolongent jusqu'au *col de Naurouse*.

II

LE MASSIF CENTRAL. LES MONTS D'AUVERGNE. — Le massif central est une région de hautes terres qui occupent une partie du centre de la France, et que dominent des montagnes volcaniques. — Le massif est limité, à l'est et au sud-est, par la chaîne des Cévennes, d'où se détachent vers le nord-ouest : 1º les monts du *Vélay* et du *Forez*; 2º les monts de la *Margeride*, les massifs volcaniques des MONTS D'AUVERGNE (massifs du *Cantal*, du MONT DORE, avec le puy de *Sancy* (1,886 mètres), point culminant de la France intérieure, chaîne des *Puys* avec le *Puy de Dôme*, le Puy de Pariou, etc., volcans éteints), les monts du *Limousin* prolongés au nord par les monts de la *Marche*, au nord-ouest, par les collines du *Poitou* et le plateau de *Gâtine*, à l'ouest, par les collines de *Saintonge* et de *Périgord*.

III

LES CÉVENNES. — LES CÉVENNES méridionales s'étendent du col de Naurouse au mont Lozère, sous le nom de *Montagnes Noires*, monts de l'*Espinouse*, monts du *Gévaudan*. — Les plateaux situés de chaque côté de l'arête principale portent le nom de *causses*, dans le versant septentrional, et de *garrigues*, dans le versant méridional.

LES CÉVENNES SEPTENTRIONALES, des monts *Lozère* au mont *Saint-Vincent*, portent les noms de monts du *Vivarais* (volcans éteints), la partie la plus élevée de la chaîne (*Mézenc*, 1,754 mètres, *Gerbier des Joncs*), monts du *Lyonnais* (mont *Pilat*), monts du *Beaujolais* et du *Charolais*.

Des Cévennes se détachent : 1º à l'ouest, les montagnes granitiques du *Morvan*, prolongées par les collines du *Nivernais*, les plateaux de la *Beauce*, les collines du *Perche*, de *Normandie* et de *Bretagne* (points culminants 420 mètres), qui finissent au cap Saint-Mathieu, sur l'Atlantique;

2º Au nord, la *côte d'Or* et le plateau de *Langres*, rattaché aux Vosges par les monts *Faucilles*.

Du plateau de Langres se détachent, vers le nord-ouest, les collines de la *Meuse* prolongées par les plateaux boisés de l'*Argonne*. Au plateau de Saint-Quentin, cette chaîne se divise en trois rameaux : les collines de *Picardie* et du pays de *Caux*, qui vont finir au cap de la Hève, les collines de l'*Artois*, qui finissent au cap Gris-Nez, et celles de *Belgique*.

IV

LES VOSGES. — Les Vosges sont un massif boisé, dominé par des sommets arrondis nommés ballons, et qui s'étend, du sud au nord, parallèlement au cours du Rhin. — Leur versant occidental se prolonge par les plateaux de la Lorraine, du Luxembourg et de la Prusse rhénane (*Ardennes*, Fagnes, Eifel) : leur versant oriental s'abaisse brusquement vers le Rhin. On les divise en *Vosges méridionales*, la partie la plus élevée de la chaîne, du *ballon d'Alsace* au *mont Donon* (point culminant le *ballon de Guebwiller* (1,427 mètres) : *Vosges centrales*, du mont Donon aux sources de la *Lauter* (col de Saverne), et *Vosges septentrionales*, qui se prolongent sous le nom de *Hardt*.

Les Vosges sont séparées du Jura par la *trouée de Belfort*.

Le JURA se compose de plusieurs chaînes parallèles qui vont en s'abaissant de l'est à l'ouest ; il forme un arc de cercle incliné vers le nord-est. — On le divise en *Jura méridional*, la partie la plus élevée (*Crêt de la Neige* (1,724 mètres), mont Reculet, Grand-Credo, la Dôle), jusqu'au col de Jougne ; *Jura central*, du col de Jougne au coude du Doubs, près de Sainte-Ursanne (col des Verrières, monts Suchet et Chasseron), et *Jura septentrional* ou helvétique, jusqu'au Rhin.

V

LES ALPES. — Entre la France et l'Italie s'élève le massif des Alpes occidentales. Ces montagnes, hautes en moyenne de 3,000 mètres, sont couvertes de glaciers et de neiges et dominées par des pics escarpés. — Les pâturages y sont abondants, mais une partie de la chaîne, surtout dans le versant français, a été complètement déboisée.

VI

La chaîne principale des Alpes occidentales commence au col de Tende et finit au mont Blanc. On la divise en trois sections :

1º Du *col de Tende* au *mont Viso*, ALPES MARITIMES, la partie la moins élevée (cols de l'*Argentière* et d'*Agnello*) ;

2º Du mont Viso au mont *Cenis*, les ALPES COTTIENNES, avec les cols du mont *Genèvre* et du mont *Cenis*, traversés par de belles routes carrossables, le tunnel de Modane à Bardonèche (13 kilomètres), et les sommets du mont *Thabor*, du mont *Genèvre*, du mont *Cenis*, etc... ;

3º Les ALPES GRÉES (rocheuses), du mont Cenis au mont *Blanc*. Cette partie est la plus élevée de la chaîne française. Le point culminant est le massif du MONT BLANC, dont le plus haut sommet a 4,810 mètres. Les pics du col *Iseran* et de la *Vanoise* ont plus de 4,000 mètres.

Les glaciers du mont *Blanc* (mer de Glace, etc.), et ceux de la *Vanoise* sont les plus importants des Alpes françaises.

La seule route fréquentée est celle du col du *petit Saint-Bernard*.

VII

Les rameaux les plus importants des Alpes sont, du nord au sud :

1° Les *Alpes du Valais* (mont Buet) ;

2° Les *Alpes de Savoie*, qui se prolongent par les monts des *Bauges* et les monts de la *Grande-Chartreuse*. Ces deux rameaux se détachent du mont Blanc ;

3° Les monts de la *Vanoise* ;

4° Les *Alpes de Maurienne* (pic des trois Ellions, 3,880 m.) ;

5° Les ALPES DU DAUPHINÉ (massif du *Pelvoux* (4,100 mètres), mont *Olan*, mont *Ventoux*, monts *Luberon*), qui se détachent du mont Thabor.

6° Les *Alpes de Provence*, prolongées par les monts de l'*Esterel* et des *Maures*, qui se détachent des Alpes maritimes.

La CORSE est couverte de montagnes dont les points culminants sont le mont *Cinto* (2,707 mètres), et le mont Rotondo.

Exercices

Dessiner d'après une carte en relief une carte des Pyrénées, des Alpes, etc., où l'on indiquera par de simples lignes, sans hachures, la crête des chaînes principales et des chaînes secondaires les plus importantes. — Lecture de quelques-unes des feuilles de la carte de l'état-major. — Lecture d'une carte par courbes.

CHAPITRE IV

VERSANTS ET BASSINS. LES EAUX.

L'ensemble des terrains que nous venons de décrire forme deux grandes pentes ou versants inclinés, l'un vers le nord-ouest, l'autre vers le sud-est. Les eaux qui coulent sur le versant sud-est se rendent à la **Méditerranée**, celles qui coulent sur le versant nord-ouest à l'océan **Atlantique**. La ligne qui dessine la crête ou le point de partage de ces deux grandes pentes, et qui porte le nom de ligne générale de partage des eaux, est formée par les *Pyrénées* occidentales et centrales, les *Corbières* occidentales jusqu'au col de Naurouse, les *Cévennes méridionales* jusqu'au mont Lozère, les *Cévennes* *septentrionales*, du mont Lozère au mont Saint-Vincent, la *côte d'Or*, du mont Saint-Vincent au mont Tasselot, le *plateau de Langres*, du mont Tasselot aux sources de la Meuse, les *monts Faucilles*, des sources de la Meuse au ballon d'Alsace, les collines de Belfort, du ballon d'Alsace au mont Terrible; le *Jura*, du mont Terrible au col des Rousses, enfin les plateaux du *Jorat* et la chaîne neigeuse des *Alpes bernoises*, qui appartiennent à la Suisse et finissent au massif du Saint-Gothard.

Le versant de la **Méditerranée** ne comprend qu'un grand bassin fluvial, celui du *Rhône*; le versant de l'Atlantique est divisé par des rameaux qui se détachent de la ligne de partage des eaux en plusieurs bassins :

1° Celui de la mer du **Nord**, arrosé par le *Rhin*, la *Meuse* et l'*Escaut*, et dont une faible partie appartient à la France;

2° celui de la **Manche** dont le principal fleuve est la *Seine*;

3° celui de la **mer de France** dont le principal fleuve est la *Loire*; 4° celui du **golfe de Gascogne** dont le principal fleuve est la *Garonne*.

I

Versant de la Méditerranée. Bassin du Rhône et bassins côtiers.

Ceinture du bassin. — La ceinture du bassin français de la Méditerranée est formée à l'ouest et au nord par les *Pyrénées orientales* et par la ligne de partage des eaux (Corbières, Cévennes, côte d'Or, plateau de Langres, monts Faucilles, ballon d'Alsace, Jura, Jorat, Alpes Bernoises), et par les Alpes Pennines, Grées, Cottiennes et Maritimes, jusqu'aux Apennins.

Cours du Rhône. — Le **Rhône**, le plus grand fleuve du versant français de la Méditerranée (850 kilomètres de cours dont 500 navigables), prend sa source à une hauteur de 1,800 mètres, dans un glacier du massif du Saint-Gothard, au pied du mont *Furca*, et coule d'abord de l'est à l'ouest dans une étroite et sauvage vallée, encaissée entre les Alpes Bernoises et les Alpes Pennines, et qui forme le canton suisse du Valais. A partir de *Sion*, capitale du Valais, le torrent grossi par les eaux des glaciers est déjà presque un fleuve. A *Martigny*, dans le Valais, un rameau des Alpes le force à se détourner vers le nord, et il entre dans le lac de Genève entre *le Bouveret* et *Villeneuve*.

Le lac **Léman** ou lac de **Genève** est un vaste bassin

(54,000 hectares de superficie), encadré de collines verdoyantes et dont les eaux limpides et profondes (plus de 300
mètres dans la plus grande profondeur) baignent, en Suisse,
les riants côteaux de *Vevey* et de *Lausanne*; en France, les
baies pittoresques au bord desquelles s'étagent sur le flanc
des collines les villes d'*Evian* et de *Thonon* (Haute-Savoie).

Le Rhône sort du lac à *Genève,* au milieu des vergers et
des vignobles; ses eaux bleues et transparentes, bientôt trou-
blées par le limon du torrent de l'*Arve,* viennent se heurter,
à quelques kilomètres au-delà de la frontière française contre
la barrière que leur oppose le Jura méridional, dont les montagnes de la Savoie occidentale ne sont que le prolongement.
Le fleuve s'est creusé à travers les rochers un étroit passage
encaissé entre les escarpements du *Grand-Credo* (département
de l'Ain) et les pentes du mont *Vuache* (Haute-Savoie), et
dominé par le fort de l'*Ecluse.*

Rejeté brusquement vers le sud par le massif du Jura, le
fleuve, redevenu torrent, s'engouffre sous une voûte de rochers où, dans la saison des basses eaux, il disparaît presque
entièrement et semble se perdre dans le sein de la terre; c'est
ce qu'on appelle la Perte du Rhône. Jusqu'à *Seyssel* le lit du
Rhône n'est qu'une fissure étroite et profonde, creusée dans
la montagne; mais à partir de ce point le fleuve s'élargit, devient navigable, et un peu avant son confluent avec l'Ain,
entre dans une vaste plaine où il reprend sa direction primi-
tive de l'est à l'ouest.

A *Lyon* (département du Rhône), il n'est qu'à 162 mètres
au-dessus du niveau de la mer. C'est là qu'il reçoit la Saône,
son plus grand affluent. Sa direction change de nouveau.
Arrêté par la barrière des Cévennes, il se détourne brusquement vers le sud, et descend vers la mer en roulant des flots
rapides qui, dans les inondations, s'élèvent quelquefois jusqu'à 10 mètres au-dessus de l'étiage (1). Il arrose *Givors*
(département du Rhône, rive droite), *Vienne* (Isère, rive gauche), *Tournon* (Ardèche, rive droite), *Valence* (Drôme, rive
gauche), *Pont Saint-Esprit* (Gard, rive droite), qui doit son
nom à un pont construit au moyen âge, *Avignon* (Vaucluse, rive gauche), *Beaucaire* (Gard, rive droite), célèbre
autrefois par ses foires, et situé presque en face de *Tarascon.*

_____

(1) On appelle étiage le niveau du fleuve à l'époque où les eaux
sont les plus basses, c'est-à-dire en été.

(Bouches-du-Rhône, rive gauche); enfin *Arles* (Bouches-du-Rhône, rive gauche), où commence le delta. Au-delà d'Arles (à 45 kilomètres de la mer), le fleuve se partage en deux branches qui embrassent l'île marécageuse de la *Camargue*. La branche occidentale, le *Petit-Rhône,* ne représente que 14 % de la masse totale des eaux. Elle se bifurque elle-même avant d'arriver à la mer; le bras oriental conserve son nom : le bras occidental porte ceux de canal de *Sylveréal* et de *Rhône vif.*

La principale branche, le *Grand-Rhône,* qui a plusieurs fois changé de lit, verse à la mer 86 % des eaux du fleuve; elle se divise également en deux bras, l'un sinueux et presque desséché, le *Bras-de-Fer* ou *Vieux-Rhône,* l'autre puissant mais peu profond, le *Grand-Rhône,* qui se jette à la mer par plusieurs embouchures, ou *graus,* souvent obstrués par les sables. Toutes les bouches du Rhône emportent annuellement à la mer 54 milliards de mètres cubes d'eau, dix fois plus que la Loire, et près de 21 millions de mètres cubes de limon.

Les bouches du Rhône étant difficilement accessibles pour les gros navires, on a creusé du golfe de Fos au *port Saint-Louis* sur le Grand-Rhône, un canal long de 4,000 mètres qui permet d'arriver directement à la partie navigable du fleuve. Un autre canal moins large et moins profond, longe le Grand-Rhône (rive gauche) d'*Arles* à *Bouc*.

Affluents de droite. — Les principaux affluents du Rhône sont sur la rive droite :

1° L'**Ain** (190 kilomètres), navigable à l'époque des eaux moyennes, qui descend du Jura et coule du nord au sud dans une profonde et sauvage vallée (départements du Jura et de l'Ain).

2° La **Saône** (455 kilomètres), qui naît dans les monts Faucilles (dép. des Vosges), et coule du nord au sud en traversant la Haute-Saône où elle arrose *Gray*, la Côte-d'Or où elle passe à *Auxonne* et à *Saint-Jean de Losne*, la Saône-et-Loire où elle baigne *Châlon-sur-Saône* et *Mâcon*. Elle sépare le département de l'Ain où elle arrose *Trévoux*, de ceux de Saône-et-Loire et du Rhône où elle vient finir à Lyon.

C'est une rivière tranquille, paresseuse et dont les eaux paisibles contrastent avec l'impétuosité du Rhône. Elle reçoit à droite la *Tille* et l'*Ouche* qui passe à *Dijon* ; à gauche, l'*Ognon* qui descend du ballon d'Alsace, le *Doubs* (430 kilomètres), torrent sinueux aux eaux bleues et limpides, qui prend sa source au Noirmont, traverse le lac de *Saint-Point,* roule dans une gorge profonde d'où il sort en se précipitant d'une hauteur de 20 mètres (*Saut du Doubs*), serpente à travers les vallées du département du Doubs (*Pontarlier, Baume-les-Dames, Besançon*), du canton suisse de Berne, traverse le département du Jura (*Dôle*), et finit près de Châlon.

La *Seille* qui passe à *Louhans* (Saône-et-Loire), est le dernier affluent important de la Saône sur sa rive gauche.

3°, 4°, 5°, 6°, 7° : Le **Gier** avec les innombrables usines entassées sur ses bords ; le **Doux**; l'**Ouvèze** qui arrose *Privas* (Ardèche); l'**Ardèche** qui passe à *Aubenas* (Ardèche); la **Cèze,** grands torrents redoutables par leurs inondations, descendent des Cévennes.

8° Le **Gard** (140 kilomètres), naît dans les monts Lozère et arrose *Alais* (Gard).

Affluents de gauche. — Les affluents de gauche sont :

1° L'**Arve,** torrent qui sort des glaciers du mont Blanc, coule dans la vallée de Chamonix, et se jette dans le fleuve près de Genève.

2° Le **Fier** dont un affluent sert de déversoir au lac d'**Annecy** (Haute-Savoie).

3° Le canal de *Savières,* déversoir du lac du **Bourget,** un des plus pittoresques de la région des Alpes (Savoie), et le plus vaste de France après celui de Genève.

4° L'**Isère** (290 kilomètres), naît dans les glaciers des Alpes Grées, au col Iseran, coule dans l'étroite vallée qui a reçu le nom de Tarentaise, et où elle traverse *Moutiers* et passe près d'*Albertville,* longe le pied des montagnes de la Grande-Chartreuse, en arrosant la riche vallée du Grésivaudan, passe à *Grenoble,* au pied des coteaux de *Saint-Marcellin* (département de l'Isère), et finit dans le département de la Drôme, au nord de Valence. Malgré l'impétuosité de son cours, elle est navigable un peu au-dessus de Grenoble.

Elle reçoit à gauche l'*Arc* qui descend des glaciers du col Iseran et passe à *Saint-Jean de Maurienne,* et le *Drac,* grossi de la *Romanche,* qui descendent des Alpes du Dauphiné.

5° La **Drôme** (département de la Drôme) prend sa source dans les Alpes du Dauphiné et passe à *Die.*

6° L'**Aigues** passe à *Nyons* (Drôme).

7° La **Sorgues** déverse dans le Rhône les eaux de la fontaine de *Vaucluse,* qui a donné son nom à un département.

8° La **Durance** (380 kilomètres) naît au mont Genèvre, coule du nord-est au sud-ouest, dans une vallée étroite encaissée entre les Alpes du Dauphiné et les Alpes de Provence, où elle arrose *Briançon* et *Embrun* (Hautes-Alpes), puis elle passe à *Sisteron* (Basses-Alpes), et sépare, dans la partie inférieure de son cours, le département des Bouches-du-Rhône de celui de Vaucluse. Elle reçoit à gauche l'*Ubaye* (*Barcelonnette*) et le *Verdon* (*Castellane*). Malgré la longueur de son cours et la largeur de son lit, la Durance, terrible dans les crues, mais desséchée en été, ne sert qu'au flottage des bois.

Bassins secondaires. — Les bassins côtiers que l'on rattache à celui du Rhône sont à l'est du fleuve (rive gauche), ceux du **Var** (Basses-Alpes et Alpes-Maritimes); de la *Siagne* (Alpes-Maritimes); de l'**Argens** (Var) et de l'*Huveaune* (Bouches-du-Rhône), torrents qui descendent des Alpes de Provence :

A l'ouest (rive droite), ceux du *Vidourle,* du *Lez* qui passe à *Montpellier,* de l'**Hérault** et de l'*Orb* qui arrose *Béziers* : ces cours d'eau qui appartiennent tous au département de l'Hérault descendent des Cévennes.

L'**Aude** (210 kilomètres) prend sa source dans les Pyrénées près du pic de Carlitte (Pyrénées-Orientales), roule d'abord dans des gorges ombragées de sapins, passe à *Limoux* et à *Carcassonne* (département de l'Aude), et finit près de l'étang de Vendres entre Agde et Narbonne.

Les Corbières orientales et les Pyrénées envoient à la mer d'autres petits cours d'eau qui arrosent le département des Pyrénées-Orientales, l'*Agly,* la *Têt* qui passe à *Prades* et à *Perpignan,* et le *Tech* qui passe à *Céret.*

La Corse n'a que des torrents : à l'ouest, le *Liamone* (golfe de Sagone) et le *Taravo*; à l'est le *Tavignano* qui passe à *Corte,* et le *Golo* qui descend du mont Cinto, terribles à la fonte des neiges, mais presque à sec en été.

RÉSUMÉ.

I

La CEINTURE DU BASSIN du Rhône et des bassins secondaires du versant de la Méditerranée est formée, au sud-ouest, à l'ouest et au nord, par les *Pyrénées* orientales et la ligne de partage des eaux (*Corbières, Cévennes,* côte d'Or, *plateau de Langres, Faucilles, Jura,* en France, *Jorat* et *Alpes Bernoises,* en Suisse);

à l'est, par la chaîne des *Alpes*, depuis le mont Saint-Gothard jusqu'aux Apennins.

Le RHÔNE prend sa source en Suisse, dans le massif du *Saint-Gothard*, coule, de l'est à l'ouest, dans le canton suisse du *Valais*, entre dans le lac *Léman* ou de *Genève*, en sort à *Genève* et franchit la frontière.

Il est brusquement détourné vers le sud par un des contre-forts du *Jura*, mais un contrefort des *Alpes de Savoie* le rejette de nouveau vers l'ouest, jusqu'à son confluent avec la Saône.

Après avoir reçu la Saône, en sortant de *Lyon*, il coule du nord au sud jusqu'à la mer. A 45 kilomètres de son embouchure, le fleuve se partage en deux bras principaux, le *Grand-Rhône*, à l'est, le *Petit-Rhône*, à l'ouest, qui embrassent l'île de la *Camargue*. C'est le plus rapide de nos fleuves et celui qui porte le plus d'eau à la mer.

Son cours est de 850 kilomètres dont 500 navigables (du Fort-l'Ecluse, département de l'*Ain*, à la mer).

Il arrose sur sa rive droite : l'Ain, le Rhône (*Lyon*), l'Ardèche (*Tournon*), le Gard (*Beaucaire*) ; sur sa rive gauche : la Haute-Savoie, la Savoie, l'Isère (*Vienne*), la Drôme (*Valence*), le département de Vaucluse (*Avignon*), les Bouches-du-Rhône (*Tarascon* et *Arles*).

II

Les *affluents de droite* du Rhône sont : l'AIN (départements du Jura et de l'Ain) :

La SAÔNE (455 kilomètres), rivière tranquille qui prend sa source dans les monts Faucilles (départements des Vosges, de la Haute-Saône (*Gray*), de la Côte-d'Or, de Saône-et-Loire (*Châlon* et *Mâcon*), de l'Ain et du Rhône) ; elle reçoit à gauche l'*Ognon*, le *Doubs*, torrent sinueux qui descend du Jura (Doubs (*Pontarlier*, *Besançon*), Jura (*Dôle*) Saône-et-Loire, Rhône), et la *Seille* ; à droite, l'*Ouche* (*Dijon*) :

Le GIER (départements de la Loire et du Rhône), l'ARDÈCHE (département de l'Ardèche), la CÈZE (*Id.*), le GARD (départements de la Lozère et du Gard (*Alais*), grands torrents qui descendent des *Cévennes*.

Les affluents de gauche sont : l'ARVE (Haute-Savoie), qui descend du mont Blanc, le FIER et le canal de *Savières*, qui servent d'écoulement aux lacs d'*Annecy* et du *Bourget*, en Savoie :

L'ISÈRE, rivière impétueuse qui descend des Alpes Grées (Savoie (*Moutiers*), Isère (*Grenoble*), et Drôme) ;

La DRÔME, qui descend des Alpes du *Dauphiné* (département de la Drôme (*Die*) ;

La DURANCE, torrent de 380 kilomètres qui naît au mont *Genèvre* et coule, du nord-est au sud-ouest, entre les *Alpes du Dauphiné* et les *Alpes de Provence* (Hautes-Alpes (*Embrun* et

Briançon), Basses-Alpes (*Sisteron*), Vaucluse et Bouches-du-Rhône).

Les bassins secondaires du versant de la Méditerranée sont : à l'est du Rhône (rive gauche), ceux du *Var*, de la *Siagne* (Alpes-Maritimes), de l'*Argens* (Var), de l'*Huveaune* (Bouches-du-Rhône), séparés de la vallée de la Durance par les Alpes de Provence ;

A l'ouest des bouches du Rhône (rive droite), ceux du *Vidourle*, du *Lez*, de l'*Hérault*, qui descendent des Cévennes, de l'*Aude*, qui prend sa source dans les Pyrénées (Pyrénées-Orientales, Aude (*Carcassonne*), de la *Têt* (Pyrénées-Orientales (*Perpignan*), et du *Tech*.

II

Bassin de la mer du Nord.

Ceinture du bassin. — Le territoire français n'occupe qu'une faible partie du bassin de la mer du Nord, dont la ceinture occidentale est formée, en France, par le *Jura*, les collines de *Belfort*, le *ballon d'Alsace*, les *Faucilles*, le *plateau de Langres*, l'*Argonne* et les *collines de l'Artois* jusqu'au cap *Gris-Nez*, sur la mer du Nord.

Cours du Rhin. — Le Rhin, le principal fleuve de ce bassin, prend sa source dans le massif du *Saint-Gothard* (mont *Adula*), en Suisse, coule d'abord du sud au nord, traverse le lac de *Constance*, se détourne brusquement à l'ouest, franchit, par la chute de *Schaffhouse*, un chaînon détaché des Alpes, qui se croise avec un des rameaux de la *Forêt-Noire*, et continue à se diriger vers l'ouest jusqu'à *Bâle* (Suisse). Arrêté par les Vosges et rejeté vers le nord par le Jura, le fleuve roule entre les Vosges et la Forêt-Noire, dans un large lit semé d'îles et de bancs de sable qui traçait, avant 1871, la frontière entre la France et l'Allemagne. Un peu au-dessous de son confluent avec le *Main*, il incline vers le nord-ouest et garde cette direction à travers l'Allemagne du Nord et la Hollande, jusqu'à ce qu'il se confonde à son embouchure avec la Meuse et l'Escaut (mer du Nord), (1,350 kilomètres).

Affluents. — Il reçoit sur sa rive gauche, en *Alsace* : l'Ill, qui prend sa source dans le Jura et coule du sud au nord, en arrosant *Mulhouse* et *Strasbourg*, et la **Lauter** (*Wissembourg* et *Lauterbourg*), qui formait, avant 1871, la limite entre la France et la Bavière rhénane ; en *Allemagne* (Prusse rhénane), la **Moselle**, qui descend du ballon d'Alsace, traverse le département des Vosges (*Remiremont, Epinal*), celui de Meurthe-et-Moselle (*Toul*), et la Lorraine, dite allemande depuis 1871 (*Metz, Thionville*), arrose *Trèves* (Prusse rhénane) et finit à *Coblentz*. Elle reçoit, à droite, la *Meurthe* (*Saint-Dié*, dans les Vosges et *Nancy*, dans le département de Meurthe-et-Moselle), la *Seille* et la *Sarre* (*Sarrebourg* et *Sarreguemines* en Lorraine, *Sarrebruck* et *Sarrelouis* dans la Prusse rhénane), sorties de la chaîne des Vosges, dont le massif épais sépare la vallée du Rhin de celle de la Moselle.

Bassin secondaire de la Meuse. — La *ceinture du bassin* de la Meuse est formée en France : à l'est, par les plateaux des *Ardennes* ; à l'ouest, par ceux de l'*Argonne*. Elle prend sa source au *plateau de Langres*, dans le département de la Haute-Marne, coule du sud au nord, dans une vallée étroite, en arrosant le département des Vosges (*Neufchâteau*), celui de la Meuse (*Commercy* et *Verdun*), et celui des Ardennes (*Sedan*, *Mézières*, *Charleville* et *Givet*), et va se confondre avec le *Rhin*, après avoir franchi la frontière française et traversé la Belgique et la Hollande (900 kilomètres, dont 233 navigables, de Verdun à la frontière).

Elle reçoit, en France (rive droite), le *Chiers* et la *Semoy*, qui coulent dans des gorges profondes ; en Belgique, la *Sambre* (rive gauche), rivière sinueuse qui prend sa source dans le département de l'Aisne, et passe à *Landrecies* et à *Maubeuge* (Nord).

Bassin secondaire de l'Escaut. — Le bassin de l'Escaut, qui n'est français qu'en partie, a pour ceinture les *collines de l'Artois* et les *collines de Belgique*.

L'Escaut prend sa source à la jonction des collines d'*Artois*, de *Belgique* et de *Picardie*, au plateau de Saint-Quentin (département de l'Aisne), et coule en plaine, du sud au nord, jusqu'à son entrée en Belgique (62 kilomètres navigables en France depuis Cambrai). Il passe à *Cambrai* et à *Valenciennes*, dans le département du Nord.

Il reçoit, à gauche, la *Sensée*, la *Scarpe* (*Arras*, dans le Pas-de-Calais, et *Douai*, dans le Nord), et la *Lys*, qui finit en Belgique et descend des collines de l'Artois.

Le plus important des petits fleuves côtiers du bassin de

l'Escaut est l'*Aa*, qui passe à *Saint-Omer* (Pas-de-Calais), et finit à *Gravelines* (Nord).

RÉSUMÉ.

La CEINTURE DU BASSIN de la mer du Nord est formée, en France, par le Jura, les monts Faucilles, le plateau de Langres, les monts de la Meuse, l'Argonne et les collines de l'Artois jusqu'au cap Gris-Nez.

Ce bassin n'est français qu'en partie et seulement sur la rive gauche.

Le RHIN prend sa source, en Suisse, au mont Saint-Gothard, coule du sud au nord, traverse le lac de Constance, se détourne de l'est à l'ouest, puis du sud au nord à partir de Bâle jusqu'à son confluent avec le Main. Il traverse la Suisse, l'Allemagne et les Pays-Bas.

Les affluents de gauche sont : l'ILL (Mulhouse et Strasbourg, en Alsace) ;

La LAUTER (Wissembourg, en Alsace) ;

La MOSELLE (en partie française), et dont la vallée est séparée de celle du Rhin par les Vosges (Vosges (*Epinal*), Meurthe-et-Moselle (*Toul*), Lorraine (*Metz* et *Thionville*). Elle reçoit, à droite, la *Meurthe* (Vosges, Meurthe-et-Moselle (*Nancy*), et la *Sarre* (*Sarrebourg* et *Sarreguemines*, dans la Lorraine allemande).

BASSINS SECONDAIRES. — La MEUSE (en partie française) coule entre l'Argonne et les Ardennes. Elle prend sa source au plateau de *Langres* (Haute-Marne), arrose en France les départements de Haute-Marne, Vosges, Meuse (*Commercy*, *Verdun*), et Ardennes (*Sedan*, *Mézières*), traverse la Belgique et finit dans les Pays-Bas. Elle reçoit, à gauche, la *Sambre* (Aisne, Nord, Belgique).

L'ESCAUT (en partie français) coule entre les collines de l'Artois et celles de Belgique (Aisne, Nord (*Cambrai*, *Valenciennes*) : il traverse la Belgique et finit dans les Pays-Bas ; il reçoit, à gauche, la *Scarpe* (Pas-de-Calais (*Arras*), Nord (*Douai*) et la *Lys*.

III

Bassin de la Manche.

Ceinture du bassin. — La ceinture du bassin de la Manche est formée : au nord, par les *collines de l'Artois*, depuis le cap Gris-Nez, et par l'*Argonne* ; à l'est, par le *plateau de Langres* et la *côte d'Or* ; au sud, par les monts du *Morvan*, les collines du *Nivernais*, le plateau de *Beauce*, les collines du *Perche*, de *Normandie* et de *Bretagne*, et les monts d'*Arrée* jusqu'à la pointe Saint-Mathieu.

Cours de la Seine. — La **Seine**, le principal tributaire de la Manche, prend sa source non loin du mont *Tasselot*, dans le département de la Côte-d'Or, sur le territoire de la commune de Chanceaux, à 471 mètres d'altitude. A *Châtillon-sur-Seine* c'est encore un ruisseau qui se tarit en été, mais peu à peu elle se grossit des eaux que lui envoient les plateaux crayeux de la Champagne et devient navigable dans le département de l'Aube (*Bar*, *Troyes*, *Nogent-sur-Seine*), qu'elle sépare un instant du département de la Marne.

Dans le département de Seine-et-Marne (*Montereau, Melun*), c'est déjà un fleuve qui roule, dans les eaux moyennes, près de 200 mètres cubes par seconde. Après avoir traversé la partie orientale du département de Seine-et-Oise (*Corbeil*), la Seine entre dans le département qui porte son nom, et où elle arrose *Paris* et *Saint-Denis*. Jusque-là le fleuve à coulé du sud-est au nord-ouest, mais à partir de Paris, il serpente lentement entre des coteaux couverts de bois, de maisons de campagne, de villes florissantes (*Saint-Germain*, *Poissy*, *Mantes* dans le département de Seine-et-Oise; les *Andelys*, *Vernon* (Eure) ; *Elbeuf*, *Rouen*, dans la Seine-Inférieure), et décrit d'innombrables détours qui sont un des traits caractéristiques de son cours.

A partir de *Quillebeuf* (Seine-Inférieure), elle s'élargit, les marées la remplissent : c'est là que commence l'estuaire qui se prolonge jusqu'au *Havre* (rive droite), et à *Honfleur* (rive gauche).

Le lit de la Seine est bien encaissé, sa pente modérée, et les travaux de canalisation et d'endiguement ont triomphé en partie des difficultés qu'offraient les bancs de sable ou de roche, et la barre ou courant violent produit à son embouchure par la lutte du fleuve contre la marée. Son cours est de 770 kilomètres, dont 604 navigables ou canalisés, de Troyes à la mer.

Affluents de droite. — Ses affluents de droite sont :

1° **L'Aube**, qui descend du *plateau de Langres*, et dont la direction est presque parallèle à celle de la Seine (Haute-Marne, Aube, où elle arrose *Arcis* et *Bar-sur-Aube*).

2° La **Marne**, qui prend sa source au *plateau de Langres,* dans le département de la Haute-Marne, où elle arrose

Chaumont et *Saint-Dizier*. Elle traverse le département de la Marne (*Vitry, Châlons, Epernay*), ceux de l'Aisne (*Château-Thierry*), de Seine-et-Marne (*Meaux*), de Seine-et-Oise, et finit à *Charenton* (Seine), après avoir tracé un vaste demi-cercle (493 kilomètres dont 320 navigables depuis Donjeux). Elle reçoit, à droite, la *Saulx* grossie de l'*Ornain*, qui passe à *Bar-le-Duc*, et l'*Ourcq*; à gauche, le *Grand-Morin*.

3° L'**Oise** prend sa source en Belgique et coule du nord-est au sud-ouest, en traversant les départements de l'Aisne (la *Fère*), de l'Oise (*Compiègne* et *Creil*), et de Seine-et-Oise (*Pontoise*), (189 kilomètres navigables ou canalisés). A gauche, l'Argonne lui envoie l'*Aisne*, grossie de l'*Aire* et de la *Vesle*, qui passe à *Reims*. L'Aisne arrose la Meuse, la Marne (*Sainte-Menehould*), les Ardennes (*Vouziers* et *Rethel*), l'Aisne (*Soissons*), et l'Oise.

4° L'**Epte** (*Gisors* dans l'Eure), et l'**Andelle**, qui sortent des collines du pays de Bray.

Affluents de gauche. — Les principaux affluents de gauche sont :

1° L'**Yonne** (119 kilomètres navigables depuis Auxerre), qui descend des monts du *Morvan*. Elle passe à *Clamecy* (département de la Nièvre), à *Auxerre, Joigny* et *Sens* (Yonne), et finit à *Montereau* (Seine-et-Marne). Elle reçoit, à droite, l'*Armançon* (*Tonnerre*), le *Serain* et la *Cure*.

2° Le **Loing**, qui passe à *Montargis* (Loiret) et finit à *Moret* (Seine-et-Marne).

3° L'**Essonne**, qui se jette à *Corbeil*, après avoir arrosé, sous le nom d'*Œuf* (*Pithiviers*), les plateaux du Loiret.

4° L'**Eure**, qui descend des collines du Perche (Orne), traverse les riches plateaux de la Beauce (département d'Eure-et-Loir, où elle passe à *Chartres*), et les vallées boisées de l'Eure (*Louviers*). Elle reçoit l'*Iton*, qui passe à *Evreux* (rive gauche).

5° La **Rille**, qui se jette dans la baie de Seine, arrose *Laigle* (Orne), et *Pont-Audemer* (Eure).

Bassins secondaires. — 1° Le bassin secondaire de la **Somme**, situé sur la rive droite de la Seine, est enfermé dans la fourche que forment les *collines de l'Artois*, au nord; celles de *Picardie* et du *Pays de Caux*, au sud, jusqu'au cap de la Hève.

La Somme, rivière marécageuse, prend sa source au pied du plateau de *Saint-Quentin* (Aisne), et coule du sud-est au nord-

-ouest, en arrosant *Péronne*, *Amiens* et *Abbeville* (département de la Somme). Elle finit à *Saint-Valery* (Somme). Les petites rivières de la *Bresle* (le *Tréport*), de l'*Arques* (*Dieppe*), sont comprises dans ce bassin (Seine-Inférieure).

2° Le bassin secondaire de l'**Orne**, situé sur la rive gauche de la Seine, est enfermé entre les collines de *Lieuvin*, à l'est; celles de *Normandie*, au sud; celles du *Cotentin*, à l'ouest jusqu'à la pointe de la *Hague*. L'Orne descend des collines de Normandie et coule du sud-est au nord-ouest en arrosant les départements de l'Orne (*Argentan*), et du Calvados (*Caen*). Les bassins côtiers de la *Toucques* (*Lisieux*; et *Pont l'Evêque*, dans le Calvados), de la *Dives*, de la *Vire* (*Vire* dans le Calvados, et *Saint-Lô* dans la Manche), peuvent se rattacher à celui de l'Orne.

3° Entre les collines du *Cotentin* et celles de *Bretagne*, de le pointe de la Hague à la pointe Saint-Mathieu, s'étendent les bassins de la *Sée* et de la *Sélune* (Manche), du *Couesnon*, qui passe à *Fougères* (Ille-et-Vilaine), et finit dans la baie du mont Saint-Michel, de la *Rance*, qui arrose *Dinan* (dans les Côtes-du-Nord), et finit à *Saint-Malo* (Ille-et-Vilaine), du *Trieux*, qui passe à *Guingamp* (Côtes-du-Nord), etc. Ces petits fleuves côtiers descendent des collines de Bretagne.

RÉSUMÉ.

La CEINTURE DU BASSIN est formée : au nord-est depuis le cap Gris-Nez, par les collines de l'Artois, les plateaux de l'Argonne, les monts de la Meuse ; à l'est, par le plateau de Langres et la côte d'Or ; au sud, par les monts du Morvan, les collines du Nivernais, le plateau de Beauce, les collines du Perche et de Normandie, les collines de Bretagne jusqu'à la pointe Saint-Mathieu.

La SEINE prend sa source près de Chanceaux (Côte-d'Or, à la jonction du plateau de Langres et de la côte d'Or), et coule, du sud-est au nord-ouest, jusqu'à la Manche.

Elle traverse les départements de la Côte-d'Or (*Châtillon*), de l'Aube (*Bar-sur-Seine, Troyes, Nogent-sur-Seine*), de Seine-et-Marne (*Melun*), Seine-et-Oise (*Corbeil*), de la Seine (*Paris, Saint-Denis*), de Seine-et-Oise (*Mantes*), de l'Eure, de la Seine-Inférieure (*Elbeuf, Rouen*, le *Havre*).

Les affluents de droite sont : l'AUBE (Haute-Marne, Côte-d'Or, Aube (*Bar-sur-Aube, Arcis-sur-Aube*).

La MARNE (Haute-Marne, plateau de Langres (*Chaumont*), Marne (*Vitry, Châlons, Epernay*), Aisne (*Château-Thierry*), Seine-et-Marne (*Meaux*), Seine-et-Oise, Seine (*Charenton*).

L'Oise (Belgique, Aisne, Oise (*Compiègne, Creil*), Seine-et-Oise (*Pontoise*), qui reçoit, à gauche, l'Aisne (Meuse, Marne (*Sainte-Menehould*), Ardennes (*Vouziers, Rethel*), Aisne (*Soissons*), Oise).

L'Epte et l'Andelle.

Les affluents de gauche sont : L'Yonne, qui descend des monts du Morvan (Nièvre (*Clamecy*), Yonne (*Auxerre, Joigny, Sens*), Seine-et-Marne (*Montereau*) ;

Le Loing (Yonne, Loiret (*Montargis*), Seine-et-Marne) ;

L'Eure (Eure-et-Loir (*Chartres*), Eure (*Louviers*), grossie de l'Iton (*Evreux*) ;

La Rille (Orne, Eure (*Pont-Audemer*).

BASSINS SECONDAIRES. — Au nord (rive droite), la Somme, entre les collines de l'Artois et les collines de la Picardie et du pays de Caux jusqu'à la pointe de la Hève, arrose l'Aisne (*Saint-Quentin*), et la Somme (*Péronne, Amiens, Abbeville, Saint-Valery*) ;

A l'ouest (rive gauche), la Toucques (Calvados, *Lisieux et Pont-Lévêque*), la Dives, l'Orne (Orne (*Argentan*) et Calvados (*Caen*) ; la Vire (départements du Calvados (*Vire*) et de la Manche (*Saint-Lô*), coulent entre les collines de Lieuvin, à l'est, celles de Normandie, au sud, et du Cotentin, à l'ouest, jusqu'à la pointe de la Hague.

La Sélune, le Couesnon, la Rance (Côtes-du-Nord (*Dinan*), Ille-et-Villaine (*Saint-Malo*), coulent entre les collines du Cotentin et les collines de Bretagne, jusqu'à la pointe Saint-Mathieu.

IV

Bassin de l'océan Atlantique (mer de France).

Ceinture du bassin. — La ceinture du bassin de l'océan Atlantique proprement dit ou mer de France est formée au nord, depuis le *cap Saint-Mathieu*, par la ceinture méridionale du bassin de la Manche, qui longe la rive droite de la Loire ; à l'est par les *Cévennes septentrionales* jusqu'aux monts Lozère ; au sud par les monts d'*Auvergne,* du *Limousin*, et les collines du *Périgord* et de *Saintonge*, jusqu'à la pointe de la Coubre.

Cours de la Loire. — La Loire, le plus grand fleuve de ce bassin et le plus long de nos cours d'eau français, prend sa source dans les Cévennes, au mont Gerbier-des-Joncs (Ardèche), à 1,375 mètres d'altitude, et coule d'abord du sud au nord dans une vallée étroite enfermée entre les Cévennes et les montagnes du Vélay et du Forez (départements de la

Haute-Loire et de la Loire). Jusqu'à *Roanne* (Loire), c'est un torrent aux eaux claires roulant sur un lit de rochers et de gravier.

A partir de Roanne, la vallée s'élargit, le fleuve traverse le département de Saône-et-Loire, qu'il sépare de celui de l'Allier, puis le département de la Nièvre (*Nevers* et *Cosne*, rive droite), qu'il sépare de celui du Cher. Serrée de près par les pentes des collines du Nivernais et les plateaux de l'Orléanais, la Loire se détourne peu à peu vers le nord-ouest, puis vers l'ouest, à partir de *Gien* (Loiret). Elle atteint à *Orléans* le point le plus septentrional de sa course, descend vers le sud-ouest par *Blois* (Loir-et-Cher) et *Tours* (Indre-et-Loire), reprend la direction de l'ouest à *Saumur* (Maine-et-Loire) et la garde jusqu'à son embouchure. Depuis Gien, c'est un fleuve sans lit, encombré de sables mouvants, desséché en été, sujet, grâce à la nature imperméable des terrains de son bassin supérieur, à des crues subites dont la double levée qui l'endigue entre Orléans et Angers ne conjure pas toujours les effets désastreux.

Après avoir arrosé le département de la Loire-Inférieure et traversé *Ancenis* et *Nantes,* où elle ne peut porter que des bâtiments de 800 à 1000 tonneaux, elle se jette dans l'océan Atlantique entre *Saint-Nazaire* et *Paimbœuf* après un cours de 1,100 kilomètres, dont 743 navigables (depuis Roanne).

Affluents. — Les affluents de droite sont :

1° Le **Furens,** qui passe à *Saint-Etienne* (Loire).

2° L'**Arroux,** qui descend des monts du Morvan et arrose *Autun* (Saône-et-Loire).

3° La **Nièvre,** qui prend sa source dans les collines du Nivernais et finit à *Nevers* (Nièvre).

4° La **Maine,** formée, près d'*Angers* (Maine-et-Loire), par la jonction de la *Mayenne* (204 kilomètres dans le département de la Mayenne, où elle arrose *Mayenne, Laval* et *Château-Gontier,* et dans celui de Maine-et-Loire); de la *Sarthe* (276 kilomètres dans l'Orne, où elle passe à *Alençon,* la Sarthe, où elle arrose *le Mans,* et le Maine-et-Loire) et du *Loir* (310 kilomètres dans l'Eure-et-Loir, où il passe à *Châteaudun,* le Loir-et-Cher, où il arrose *Vendôme,* la Sarthe, où il passe à *la Flèche,* et le Maine-et-Loire). Ces trois rivières naissent sur le revers méridional des collines du Perche et de Normandie.

5° L'**Erdre,** qui se jette à Nantes.

Les affluents de gauche sont :

1° L'**Allier** (370 kilomètres), qui descend du massif des monts Lozère, à 1,420 mètres d'altitude, et coule du sud au nord entre les monts d'Auvergne à l'ouest et les montagnes du *Vélay*, du *Forez* et de la *Madeleine* à l'est, en traversant les départements de la Lozère, de la Haute-Loire (*Brioude*), la riche plaine de la Limagne (Puy-de-Dôme), où il reçoit la *Dore*, le département de l'Allier, où il arrose *Vichy* et *Moulins*, et où il reçoit la *Sioule* (rive gauche).

2° Le **Loiret**, petite rivière navigable de 12 kilomètres de cours, qui n'est qu'une infiltration de la Loire.

3° et 4° Le **Cosson** et le **Beuvron**, déversoir des marais de la Sologne.

5° Le **Cher** (62 kilomètres navigables), qui naît dans les monts de la Marche et coule d'abord au nord (départements de la Creuse, de l'Allier (*Montluçon*) et du Cher (*Saint-Amand* et *Vierzon*); puis à l'ouest (départements de Loir-et-Cher et d'Indre-et-Loire, où il passe près de Tours). Son principal affluent est la *Sauldre*.

6° L'**Indre**, qui prend sa source dans un des derniers rameaux des monts de la Marche et coule du sud-est au nord-ouest en arrosant le département de l'Indre (*la Châtre* et *Châteauroux*) et celui d'Indre-et-Loire (*Loches*).

7° La **Vienne**, qui descend des monts du Limousin, dans le département de la Corrèze, coule d'abord de l'est à l'ouest, dans les vallées étroites de la Haute-Vienne (*Limoges*), puis du sud au nord, dans la Charente (*Confolens*), la Vienne (*Châtellerault*) et l'Indre-et-Loire (*Chinon*), et reçoit à droite la *Creuse* (*Aubusson* dans la Creuse et *le Blanc* dans l'Indre), grossie de la *Gartempe*, à gauche le *Clain* (*Poitiers*).

8° Le **Thouet**, qui arrose *Parthenay* (Deux-Sèvres).

9° La **Sèvre-Nantaise**, qui descend du plateau de Gâtine et finit à Nantes.

10° L'**Achenau**, déversoir du lac de *Grandlieu*, marais à demi desséché.

Bassin secondaire de la Vilaine. — Le bassin secondaire de la Vilaine (rive droite de la Loire) est compris entre les collines de Bretagne au nord, les collines du Maine et de l'Anjou au sud-est jusqu'à la pointe du Croisic. La Vilaine descend des collines de Bretagne et coule de l'est à l'ouest jusqu'à son confluent avec l'*Ille*, puis du nord au sud jusqu'à son embouchure, en arrosant *Vitré*, *Rennes* et *Redon*

(Ille-et-Vilaine) et la *Roche-Bernard* dans le Morbihan (145 kilomètres navigables). Les petits bassins du *Blavet* (*Pontivy* et *Lorient*), de l'*Odet* (*Quimper*), de l'*Aulne* (*Châteaulin*), peuvent être regardés comme une dépendance de celui de la Vilaine.

Bassin secondaire de la Charente. — Au sud du bassin de la Loire s'étend celui de la **Charente**, compris entre les collines de *Saintonge* et du *Périgord* au sud, les collines *du Poitou* et le plateau de *Gâtine* au nord, depuis la pointe *Saint-Gildas* jusqu'à la pointe de la *Coubre*.

La Charente sort du revers occidental des monts du Limousin, coule d'abord du sud au nord, puis rencontre les collines du Poitou qui la rejettent vers le sud. Elle prend un peu au-dessous d'Angoulême la direction du nord-ouest qu'elle garde jusqu'à son embouchure. Elle arrose *Civray* (Vienne), *Ruffec, Angoulême* et *Cognac* (Charente), *Saintes* et *Rochefort* (Charente-Inférieure), et finit en face de l'île d'Oléron, après un cours de 340 kilomètres, dont 143 navigables. Elle reçoit à gauche la *Tardoire*, qui s'engouffre en partie dans des cavités souterraines ; à droite la *Boutonne*, qui passe à *Saint-Jean-d'Angély*.

Le *Lay*, qui reçoit l'*Yon* (la *Roche-sur-Yon* dans la Vendée), la *Sèvre-Niortaise*, qui passe à *Niort* et reçoit la *Vendée* (*Fontenay-le-Comte*), et la *Seudre*, qui finit à *Marennes* peuvent être regardés comme dépendant du bassin de la Charente.

RÉSUMÉ.

VERSANT DE L'ATLANTIQUE. MER DE FRANCE.

La CEINTURE DU BASSIN est formée : au nord, depuis le cap Saint-Mathieu, par la ceinture méridionale du bassin de la Manche ; à l'est, par les Cévennes septentrionales jusqu'au mont Lozère ; au sud, par les monts d'Auvergne, du Limousin, les collines du Périgord et de Saintonge.

La LOIRE prend sa source dans les Cévennes, au mont Gerbier-des-Joncs (Ardèche), coule du sud au nord jusqu'à Gien, décrit un demi-cercle en inclinant à l'ouest de Gien à Tours, et se dirige, de l'est à l'ouest, jusqu'à son embouchure (1,100 kil.).

Elle traverse les départements de l'Ardèche, Haute-Loire, Loire (*Roanne*), Saône-et-Loire, qu'elle sépare de l'Allier, Nièvre (*Nevers*), qu'elle sépare du Cher, Loiret (*Gien, Orléans*), Loir-et-Cher (*Blois*), Indre-et-Loire (*Tours*), Maine-et-Loire (*Saumur*),

Loire-Inférieure (*Ancenis, Nantes, Saint-Nazaire, Paimbœuf*).

Les affluents de droite sont : Le Furens (*Saint-Étienne*, dans la Loire), l'Arroux (*Autun*, dans Saône-et-Loire), la Nièvre (Nièvre (*Nevers*).

La Maine (Maine-et-Loire (*Angers*), formée du Loir (Eure-et-Loir (*Châteaudun*), Loir-et Cher (*Vendôme*), Sarthe (la *Flèche*), Maine-et-Loire) ; de la Sarthe (Orne (*Alençon*), Sarthe (*le Mans*), Maine-et-Loire) et de la Mayenne (Mayenne (*Mayenne, Laval, Château-Gontier*), et Maine-et-Loire).

L'Erdre (Maine-et-Loire, Loire-Inférieure).

Les affluents de gauche sont : l'Allier, séparé de la Loire par les monts du Vélay et du Forez, (Lozère, Haute-Loire (*Brioude*), Puy-de-Dôme, Allier (*Vichy, Moulins*), Nièvre). Il reçoit, à gauche, la *Sioule*, à droite, la *Dore*.

Le Loiret (Loiret).

Le Cher (Creuse, Allier (*Montluçon*), Cher (*Saint-Amand*), Loir-et-Cher, Indre-et-Loire).

L'Indre (Indre (*Châteauroux*), Indre-et-Loire (*Loches*).

La Vienne (Corrèze(*Mont Audouze*), Haute-Vienne (*Limoges*), Charente (*Confolens*), Vienne (*Châtellerault*), Indre-et-Loire (*Chinon*). Elle reçoit, à droite, la *Creuse* (Creuse (*Aubusson*), Indre (*Le Blanc*), Indre-et-Loire), grossie de la *Gartempe*; à gauche, le *Clain* (Vienne (*Poitiers*).

Le Thouet (Deux-Sèvres, Maine-et-Loire).

La Sèvre-Nantaise (Deux-Sèvres, Vendée, Loire-Inférieure).

L'Achenau, déversoir du lac de *Grandlieu*.

Bassins secondaires. — Au nord (rive droite de la Loire) la Vilaine coule entre les collines de l'Anjou et du Maine depuis la pointe du Croisic et les collines de Bretagne (Ille-et-Vilaine (*Vitré, Rennes, Redon*), Loire-Inférieure, Morbihan).

Elle reçoit l'*Ille* à Rennes.

Bassins côtiers du Blavet, (Côtes-du-Nord, Morbihan (*Pontivy*) et de l'*Aulne*, (Finistère (*Châteaulin*), ce dernier entre les monts d'Arrée et les Montagnes Noires.

Au sud (rive gauche de la Loire), la Charente coule entre les monts du Limousin, les collines du Poitou et le plateau de Gâtine au nord, les collines du Périgord et de la Saintonge au sud (Haute-Vienne, Charente, Vienne (*Civray*), Charente (*Angoulême, Cognac*), Charente-Inférieure (*Saintes, Rochefort*).

De ce bassin dépendent ceux du *Lay* (Vendée), de la *Sèvre-Niortaise* (Deux-Sèvres (*Niort*), Vendée, Charente-Inférieure), qui reçoit la *Vendée* (*Fontenay-le-Comte*), et de la *Seudre* (Charente-Inférieure).

V

Bassin du golfe de Gascogne.

Ceinture du bassin. — La ceinture du bassin du golfe de Gascogne est formée au nord par la ceinture méridionale du bassin de la Charente et du bassin de la Loire, à l'est par les *Cévennes méridionales* et les *Corbières*, au sud par les *Pyrénées*.

Cours de la Garonne. — La Garonne prend sa source en Espagne, au val d'*Aran*, au pied du massif de la Maladetta, et coule d'abord du sud-est au nord-ouest, dans des gorges étroites et sauvages. A partir de *Montréjeau* (Haute-Garonne), elle se détourne au nord-est et entre dans des plaines monotones, où elle arrose *Muret* et *Toulouse* (Haute-Garonne). Au-dessous de Toulouse, elle reprend la direction du nord-ouest en longeant les dernières terrasses du massif central; sa vallée, plus étroite, est d'une merveilleuse fertilité; elle arrose *Castel-Sarrasin* (Tarn-et-Garonne), *Agen*, *Tonneins*, *Marmande* (Lot-et-Garonne), *la Réole* (Gironde). A *Bordeaux* (Gironde), la Garonne est large de 700 mètres, elle porte les plus gros navires et roule plus de 800 mètres cubes par seconde aux eaux moyennes. Elle prend, dans sa partie maritime, du *Bec d'Ambez* à la *tour de Cordouan*, le nom de **Gironde** et se jette dans le golfe de Gascogne entre la pointe de Grave et celle de la Coubre. Son cours est de 650 kilomètres, dont 468 navigables (depuis Cazères dans la Haute-Garonne). Les crues sont fréquentes et terribles : quelques-unes se sont élevées à plus de 10 mètres au-dessus de l'étiage, et dans les grandes inondations, le volume des eaux est 200 ou 300 fois plus fort qu'en temps ordinaire.

Affluents. — Ses principaux affluents sont, à droite :

1° Le **Salat**, qui passe à *Saint-Girons* (Ariége);

2° L'**Ariége**, qui descend du massif du Montcalm et arrose *Foix* et *Pamiers* (Ariége).

3° Le **Tarn** (147 kilomètres navigables) prend sa source dans les monts *Lozère* (Lozère), coule dans un profond défilé entre la cause Méjean et la cause de Sauveterre, traverse les départements de l'Aveyron (*Milhau*), du Tarn (*Albi* et *Gaillac*), où il entre dans la plaine et finit dans le Tarn-et-Garonne, où il arrose *Montauban* et *Moissac*. Il est navigable depuis Albi.

Ses principaux affluents sont, à droite : l'*Aveyron*, qui descend des monts Lévezou, passe à *Rodez* et à *Villefranche* (Aveyron), reçoit le *Viaur*, sorti du même massif de montagnes, et finit dans le Tarn-et-Garonne ; à gauche, l'*Agout*, qui descend des monts de l'Espinouse (Hérault) et arrose *Castres* et *Lavaur* (Tarn).

4° Le **Lot** descend des monts Lozère (1,500 mètres), coule dans une vallée profonde, où il arrose *Mende* (Lozère), *Espalion* (Aveyron), *Cahors* (Lot), et finit en plaine en face d'*Aiguillon* (Lot-et-Garonne), après avoir traversé *Villeneuve-du-Lot*. Son principal affluent est la *Truyère*, qui sort des monts de la Margeride.

5° Le **Dropt** (Dordogne, Lot-et-Garonne, Gironde), sort des monts du Quercy.

6° La **Dordogne** naît au mont Dore, à 1,694 mètres d'altitude au pied du Sancy (Puy-de-Dôme), longe le département du Cantal, traverse ceux de la Corrèze et de la Dordogne, où elle arrose *Bergerac*, et finit au Bec-d'Ambez après avoir arrosé *Libourne* (Gironde).

Son cours est de 460 kilomètres, dont 380 navigables.

Elle reçoit à gauche la *Cère*, qui lui apporte les eaux du massif du Cantal ; à droite la *Vezère*, grossie de la *Corrèze*, qui arrose *Tulle* et *Brive* (Corrèze), et l'*Isle* (Haute-Vienne, Dordogne (*Périgueux*), Gironde), grossie de la *Dronne*, qui descendent des monts du Limousin.

Les affluents de gauche de la Garonne, la **Neste**, grand torrent des Pyrénées, la **Save** (Haute-Garonne, Gers), qui finit à *Grenade* (Haute-Garonne), le **Gers** (Gers (*Auch*), Lot-et-Garonne), la **Baïse** (Gers (*Mirande et Condom*), Lot-et-Garonne (*Nérac*), ne sont pas navigables. Ces trois derniers cours d'eau naissent au plateau de Lannemezan.

Bassin secondaire de l'Adour. — Au sud du bassin de la Garonne, entre les Pyrénées au sud, les monts de Bigorre, les collines de l'Armagnac et les collines du Bordelais, et du Médoc à l'ouest, s'étendent les bassins de la **Leyre**, qui se jette dans le golfe d'Arcachon, et de l'**Adour**, grand cours d'eau navigable de 300 kilomètres. Il descend des monts de Bigorre (1,930 mètres d'altitude), arrose *Bagnères-de-Bigorre*, *Tarbes* (Hautes-Pyrénées), *Aire*, *Saint-Sever*, où il devient navigable, *Dax* (Landes), et finit au dessous de *Bayonne* (Basses-Pyrénées). — Il reçoit à droite la *Midouze*, la rivière de *Mont-de-Marsan* (Landes), à gauche le

Gave de Pau, qui naît au cirque de Gavarnie, la *Bidouze* et la *Nive,* qui finit à Bayonne.

Comparaison des grands fleuves. — L'étendue navigable des cours d'eau français atteint presque 8,000 kilomètres. Quatre des grands fleuves de l'Europe, la Garonne, la Loire, la Seine et le Rhône, appartiennent à la France dans toute la partie navigable de leur cours.

Coulant dans un pays de montagnes, alimenté par les neiges et les glaciers des Alpes, ce dernier n'est qu'un grand torrent, aux eaux abondantes, mais impétueuses, et redoutable par ses crues subites, bien que l'encaissement de sa vallée ne permette pas aux inondations de s'étendre sur d'aussi vastes espaces que celles de la Garonne ou de la Loire. Le lac de Genève, qui lui sert de réservoir, et le peu de largeur de son lit maintiennent ses eaux à un niveau assez élevé pour que la navigation n'ait pas à subir d'interruption ; mais les brusques détours du fleuve, les roches qui l'obstruent, la rapidité de la pente, les sables et la vase qui s'amoncellent dans la partie inférieure de son cours rendent la navigation difficile et dangereuse ; il n'existe pas de port à son embouchure, et les navires de 500 tonneaux ne peuvent remonter jusqu'à Arles.

La *Garonne,* la *Loire* et la *Seine,* alimentées surtout par les pluies et coulant en plaine ou dans des pays peu accidentés, dont les terrains perméables absorbent une partie des eaux pluviales, ont un volume d'eau moins considérable, un cours plus lent, des crues en général moins soudaines. Les sables qu'elles emportent, au lieu de s'entasser à l'embouchure et de former un delta, se déposent dans toute l'étendue de leur parcours, où ils forment quelquefois, surtout dans la Loire, des bancs dangereux pour la navigation. Elles débouchent à la mer par de larges et profonds *estuaires,* accessibles aux plus forts navires, et où s'élèvent des ports florissants. La Garonne, la Loire et la Seine commencent par n'être que des sentiers et finissent par devenir de grandes routes ; le Rhône est une grande route qui aboutit à un sentier.

Lacs, étangs et marais. — La France ne possède de grands lacs que dans la région tourmentée des Alpes. Nous avons déjà décrit le lac de *Genève* (54,000 hectares de superficie), les lacs du *Bourget* et d'*Annecy* en Savoie. Les lacs du Dauphiné (lac de **Paladru,** d'*Allos,* etc.), ceux du

Jura (lacs de **Saint-Point**, de *Nantua*, de *Châlin*, de *Grand-vaux*), des Vosges (lacs de **Gérardmer**, de Longemer, etc.), des Pyrénées (lacs d'*Oo*, de *Gaube*, etc.), les lacs volcaniques de l'Auvergne (lac *Pavin*, lac *Chambon*, etc.) et du Vélay (lac du *Bouchet*) ne sont que des étangs si on les compare à ces larges nappes d'eau qui dorment au pied des grandes Alpes. Le lac de *Grandlieu* est plus vaste : il a près de 7,000 hectares de superficie, mais c'est un marais vaseux plutôt qu'un lac, et on songe à le dessécher.

Outre les étangs du littoral de la Méditerranée et des Landes, que nous avons décrits plus haut, les régions d'étangs et de marécages sont, au pied du Jura, la *Bresse* et les *Dombes* (département de l'Ain); au sud de la Loire, la *Sologne* (départements de Loir-et-Cher, du Loiret et du Cher) et la *Brenne* (départements de l'Indre et d'Indre-et-Loire), dont le sous-sol argileux retient les eaux pluviales; la région des *Brières*, prairies inondées au nord de la Loire, près de son embouchure; les vastes tourbières de la *Somme* et du *Pas-de-Calais*, désignées dans le pays sous le nom de *claires*, la forêt d'*Argonne* et la partie méridionale de la Lorraine dite allemande (environs de Dieuze).

RÉSUMÉ.

VERSANT DE L'ATLANTIQUE. BASSIN DU GOLFE DE GASCOGNE.

La CEINTURE DU BASSIN est formée : au nord, par la ceinture méridionale du bassin de la Loire; à l'est, par les Cévennes méridionales et les Corbières; au sud, par les Pyrénées centrales et occidentales.

La GARONNE prend sa source en Espagne, au val d'Aran, dans le massif de la Maladetta, coule du sud-ouest au nord-est jusqu'à Toulouse, puis du sud-est au nord-ouest jusqu'à la mer. Elle prend le nom de Gironde à partir de son confluent avec la Dordogne.

Elle traverse les départements de la Haute-Garonne (*Toulouse*), de Tarn-et-Garonne, de Lot-et-Garonne (*Agen, Marmande*), de la Gironde (*la Réole, Bordeaux, Blaye*).

Les affluents de droite sont : le SALAT (Ariège (*Saint-Girons*), l'ARIÈGE (Ariège (*Foix, Pamiers*), Haute-Garonne), qui descend du Montcalm.

Le TARN, qui descend du mont Lozère (Lozère, Aveyron (*Milhau*), Tarn (*Albi, Gaillac*), Tarn-et-Garonne (*Montauban, Moissac*). Il reçoit, à droite, l'*Aveyron* (Aveyron (*Rodez, Villefranche*), Tarn, Tarn-et-Garonne); à gauche, l'*Agout* (Hérault, Tarn (*Castres*).

Le LOT, qui naît dans les monts Lozère (Lozère (*Mende*), Aveyron (*Espalion*), Lot (*Cahors*), Lot-et-Garonne (*Villeneuve*).

La DORDOGNE (Puy-de-Dôme (*Mont-Dore*), Cantal, Corrèze, Lot, Dordogne (*Bergerac*), Gironde (*Libourne*). Elle reçoit, à droite, la *Vézère* grossie de la *Corrèze* (Corrèze (*Tulle* et *Brive*), et l'*Isle* (Haute-Vienne, Dordogne (*Périgueux*), Gironde).

Les affluents de gauche sont : la NESTE (Hautes-Pyrénées), la SAVE (Haute-Garonne, Gers).

Le GERS (Hautes-Pyrénées, Gers (*Auch*), Lot-et-Garonne).

La BAÏSE (Hautes-Pyrénées, Gers (*Condom*), Lot-et-Garonne (*Nérac*).

Au sud du bassin de la Garonne s'étendent ceux de la LEYRE (Landes, Gironde) et de l'ADOUR entre les Pyrénées et les monts de Bigorre, les collines de l'Armagnac et du Bordelais jusqu'à la pointe de Grave (Hautes-Pyrénées (*Bagnères-de-Bigorre*, *Tarbes*), Gers, Landes (*Saint-Sever*, *Dax*), Basses-Pyrénées (*Bayonne*).

L'Adour reçoit, à droite, la *Midouze* (Gers, Landes (*Mont-de-Marsan*); à gauche, le *Gave du Pau* (Hautes-Pyrénées, Basses-Pyrénées (*Pau*), Landes).

LACS, ÉTANGS ET MARAIS. — Les principaux lacs de France sont ceux de GENÈVE, du BOURGET, d'ANNECY (en Savoie), de GRANDLIEU (Loire-Inférieure), de *Saint-Point* (Doubs), de *Gérardmer* (Vosges).

Les régions marécageuses sont les *Dombes* et la *Bresse* (Ain), la *Sologne* (Loir-et-Cher), la *Brenne* (Indre), le *marais vendéen*, les *Landes*, le littoral de la Méditerranée, depuis l'embouchure de la *Têt* jusqu'à l'étang de Berre, et les tourbières de Picardie et d'Artois.

Exercices

Carte physique du bassin du Rhône, de la Seine, etc.

CHAPITRE V

LES CANAUX.

I

Utilité des canaux. — Les fleuves tels que la nature les a créés sont des impasses : le travail de l'homme a complété l'œuvre de la Providence en creusant les canaux qui réunissent les versants ou les bassins différents et qui sont comme les liens de ces faisceaux épars formés par les grands fleuves et par leurs affluents. Ces canaux destinés à réunir deux cours d'eau ou à créer des voies navigables là où il n'en existe pas naturellement se nomment canaux de *navigation*. L'existence de la navigation artificielle remonte à une haute antiquité, mais les canaux des anciens n'étaient que des tranchées plus ou moins larges, de véritables rivières faites de main d'homme, dont l'eau s'écoulait comme celle des rivières naturelles, et qui ne pouvaient franchir que des obstacles insignifiants. L'invention des écluses au seizième siècle a permis aux canaux de s'élever et de redescendre sur des pentes trop élevées pour être franchies à ciel ouvert et trop longues pour être percées par un tunnel, en même temps qu'elles emmagasinent l'eau et n'en laissent écouler qu'une faible partie. Au lieu de présenter comme le lit des rivières, un plan incliné qui détermine le courant, le canal à écluses offre une succession de *biefs* ou d'étages horizontaux qui se terminent brusquement, comme les marches d'un escalier. L'écluse sert à mettre en communication deux biefs, l'un supérieur, l'autre inférieur.

Il est facile de se rendre compte de l'économie que procure au commerce la navigation artificielle. Tandis que la moyenne des frais de transport est de 0 fr. 16 à 0 fr. 20 par tonne de 1,000 kilogrammes et par kilomètre parcourus sur les routes de terre, de 0 fr. 06 sur les chemins de fer, elle ne dépasse pas 0 fr. 03 c. sur les canaux où l'absence de courant force cependant la batellerie à recourir au halage par chevaux ou même à bras d'hommes.

Les canaux non navigables et destinés soit au dessèchement des marais, soit à l'irrigation des terres portent le nom de canaux de *dérivation*.

II

Canaux de jonction entre les deux versants. — Le développement des canaux navigables est en France d'environ 5,000 kilomètres. On les divise en canaux de *jonction* qui réunissent deux versants ou deux bassins différents, ou deux cours d'eau appartenant au même bassin, et canaux *latéraux* qui suivent le cours d'un fleuve ou d'une rivière et qui suppléent à l'insuffisance de la navigation naturelle. Cinq canaux franchissent la ligne de partage des eaux et mettent en communication le versant de l'Atlantique et celui de la Méditerranée.

1° Le canal du **Midi** ou du **Languedoc** (240 kilomètres), construit par Riquet, et ouvert sous Louis XIV en 1681, part de *Toulouse*, franchit le col de Naurouse à 189 mètres d'altitude, redescend dans le bassin de l'Aude, passe à Carcassonne et à Béziers et vient déboucher à *Cette* après avoir traversé l'Hérault. Il se prolonge jusqu'à Castets (Gironde) par le canal *latéral à la Garonne* et jusqu'à Beaucaire sur le Rhône (Gard) par le canal des *Etangs* et le canal de *Beaucaire*. Le principal réservoir est situé dans la montagne Noire dont les eaux retenues par un barrage gigantesque alimentent le bassin supérieur de Naurouse. Ce canal avec ses cent écluses, ses immenses réservoirs, sa profondeur constante de 2 mètres est un des plus beaux ouvrages du génie moderne.

2° Le canal du **Centre** part de *Digoin* sur la Loire (Saône-et-Loire), longe le cours de la *Bourbince*, petite rivière qui descend des Cévennes, franchit les Cévennes près de Montchanin-les-Mines, à 301 mètres d'altitude, et débouche dans la Saône à *Châlon* après un parcours de 121 kilomètres. Projeté sous François Ier il ne fut achevé qu'en 1793.

3° Le canal de **Bourgogne** part de *la Roche-sur-Yonne* (département de l'Yonne), longe le cours de l'Armançon, franchit la côte d'Or par un souterrain de plus de 3 kilomètres, passe à Dijon et débouche dans la Saône, à *Saint-Jean-de-Losne*, après un parcours de 242 kilomètres. Commencé en 1775 il ne fut achevé qu'en 1832.

4° Le canal du **Rhône au Rhin** part du confluent de la Saône et de la Tille près de Saint-Jean-de-Losne, longe la vallée du Doubs, franchit la ligne de partage des eaux au col de Valdieu à 360 mètres d'altitude, redescend dans la vallée de l'Ill, passe à Mulhouse d'où se détache un embranchement vers Huningue et se confond avec l'Ill, affluent du Rhin, à Strasbourg. Son parcours est de 350 kilomètres ; il n'a été terminé qu'en 1834. Il n'appartient plus qu'en partie à la France.

5° Le canal de l'**Est** part de Port-sur-Saône, traverse les monts Faucilles, redescend dans la vallée de la Moselle par 15 écluses, puis rejoint le canal de la Marne au Rhin, le cours de la Meuse, et le suit jusqu'à la frontière de Belgique (487 kilomètres).

III

Canaux de jonction entre les bassins. — Il n'existe pas de canal de jonction entre le bassin de la Garonne et celui de la Loire.

Le bassin de la **Manche** et celui de l'**Atlantique** communiquent par trois canaux. 1° Celui d'**Ille et Rance** qui part de Rennes et se prolonge par le cours de l'Ille et celui de la Rance jusqu'à Saint-Malo. 2° Le canal du **Loing** qui part du confluent du Loing avec la Seine, remonte cette petite rivière jusqu'à Montargis et se divise en deux branches dont l'une aboutit à **Orléans**, l'autre à **Briare** sur la Loire. Le canal de Briare est le premier qui ait été ouvert en France. Il fut commencé sous Henri IV, par les soins du grand ministre Sully et achevé sous Louis XIII. 3° Le canal du **Nivernais** qui part d'Auxerre, remonte la vallée de l'Yonne, et débouche dans la Loire près de Decize (Nièvre).

Le bassin de la Loire et celui de la Vilaine communiquent par le canal de **Nantes à Brest**, qui remonte la vallée de l'Erdre, franchit la Vilaine à Redon (Ille-et-Vilaine), suit le cours de l'Oust, un de ses affluents, puis celui du Blavet et débouche dans l'Aulne près de Châteaulin après un parcours de 360 kilomètres.

Le bassin de la Loire n'a qu'un canal intérieur de jonction celui du **Berry** qui part de la Loire au-dessous de Nevers, détache un embranchement jusqu'à Saint-Amand sur le Cher (département du Cher), suit le cours de l'Auron jusqu'à Bourges, puis celui du Cher à partir de Vierzon et se confond avec cette rivière à Saint-Aignan (Loir-et-Cher).

Le bassin de la **Seine** communique avec celui du Rhin, par le canal de la **Marne au Rhin**. Ce canal commence à Vitry-le-François sur la Marne, arrose Bar-le-Duc, franchit l'Argonne par un souterrain de 4 kilomètres, passe par un second tunnel du bassin de la Meuse dans celui de la Moselle qu'il traverse à Liverdun, au sortir d'un troisième souterrain long de 550 mètres. De *Nancy* à *Sarrebourg*, le canal qui cesse d'appartenir à la France est creusé sur des plateaux marécageux, il franchit les Vosges à Hommarting par un souterrain creusé au dessous du tunnel du chemin de fer et redescend dans la vallée de la Zorn pour venir se terminer dans l'Ill à Strasbourg.

La communication entre le bassin de la **Seine** et celui de la **Meuse** est établie par le canal de la *Marne* à l'*Aisne* qui passe à Reims, le canal latéral à l'Aisne et le canal des **Ardennes** ; et par une seconde ligne plus occidentale, le canal de la **Sambre à l'Oise** qui va de *Landrecies* sur la Sambre à la *Fère* sur l'Oise.

Le bassin de la **Seine** communique avec ceux de la **Somme** et de l'**Escaut** par le canal de *Crozat* qui part de l'Oise à la Fère, rejoint la Somme près de Ham (Somme), et se prolonge jusqu'à Saint-Quentin. Le **canal de Saint-Quentin** qui continue le canal de Crozat, franchit la ligne de partage entre la Somme et l'Escaut par deux souterrains dont un de 5,600 mètres, et vient finir à Cambrai sur l'Escaut. Commencé en 1769, il ne fut ouvert à la navigation qu'en 1810. Le bassin de l'**Escaut** est sillonné par un grand nombre de canaux : les plus importants sont 1° ceux de la *Sensée* entre l'Escaut et la Scarpe, de la *Haute-Deule*, de la *Bassée à Aire*, de *Neuffossé* (d'Aire à Saint-Omer sur l'Aa) qui forment une ligne de navigation de près de 120 kilomètres prolongée jusqu'à la mer par le cours canalisé de l'Aa et par les canaux de Calais, de Dunkerque, etc. ; 2° ceux qui communiquent avec les voies navigables de Belgique (canal de *Dunkerque à Furnes*; canal de la *Basse-Deule* de Bouvin à Armentières sur la Lys par *Lille*, canal de *Condé à Mons*, etc.).

IV

Canaux latéraux. — Beaucoup de rivières sont canalisées dans une partie de leur cours, ou longées par des canaux latéraux, parmi lesquels on doit citer dans le **bassin du Rhône**, le canal d'*Arles à Bouc*, latéral au Grand-Rhône, le canal de *Givors*, latéral au *Gier*, de Rive-de-Gier à Givors. — Dans le **bassin de la Garonne**, le *canal latéral à la Garonne* (240 kilomètres) de Toulouse à Castets. — Le Tarn, le Lot, la Dordogne, l'Isle, la Baïse sont en partie canalisés. — Dans le **bassin de la Loire**, le *canal de Roanne à Digoin*, et le *canal latéral à la Loire* (206 kilomètres), qui longent le cours de la Loire jusqu'à Briare; la Sarthe et la Mayenne en partie canalisées. — Dans le **bassin de la Seine**, le *canal de la haute Seine*, les canaux *latéraux à la Marne*, à l'*Oise*, à l'*Aisne*, et plusieurs branches destinées à éviter les détours de la Seine et de la Marne, enfin le *canal de l'Ourcq* qui emprunte ses eaux à un petit affluent de la Marne, l'Ourcq, passe à Meaux et aboutit à la Seine, sous le nom de canal *Saint-Denis* et de canal *Saint-Martin*.

La *Somme*, l'*Aa*, l'*Escaut*, la *Scarpe*, la *Lys* sont canalisés dans presque tout leur cours, sur le territoire français.

Canaux de dérivation. — Les pays marécageux, tels que les Dombes, la Sologne, la Brenne, les Landes, le littoral de la Flandre sont sillonnés de canaux qui servent à dessécher les marais et les étangs : les canaux d'irrigation nécessaires surtout dans le midi, fertilisent les parties stériles du bassin du Rhône (canal de *Craponne* entre le Rhône et la Durance, canal des *Alpines* (*id.*), canal de *Marseille*, de la Durance à Marseille, etc.), de la Garonne (canal de *Saint-Martory* dans le département de la Haute-Garonne, etc.) de l'Hérault, de la Têt, etc.

RÉSUMÉ.

On divise les canaux en canaux de *navigation* et canaux de *desséchement* et d'*irrigation*.

La France a environ 5,000 kilomètres de canaux navigables.

1° Les canaux qui font communiquer les deux versants sont : le *canal du Midi*, construit par Riquet sous Louis XIV, de Toulouse, sur la Garonne, à Cette, sur la Méditerranée ; le *canal du Centre*, qui unit la Saône et la Loire ; le *canal de Bourgogne*, qui unit la Saône à la Seine par l'Yonne ; le *canal du Rhône au Rhin* entre la Saône et le Rhin par le Doubs et l'Ill ; le canal de l'*Est* entre la Saône, la Moselle et la Meuse.

2° Les canaux qui font communiquer des bassins différents sont : le *canal de Nantes* à Brest, entre la Loire et l'Aulne ; le *canal d'Ille-et-Rance* ; les canaux de *Briare*, d'*Orléans* et du *Loing*, qui unissent la Loire à la Seine ; le canal du *Nivernais*, entre la Loire et l'Yonne ; les canaux de *Crozat* et *Saint-Quentin*, qui unissent la Seine aux bassins de la Somme et de l'Escaut ; le canal de la *Sambre* à l'*Oise* ; le canal des *Ardennes*, qui unit la Seine à la Meuse par l'Aisne et par la Marne ; — le canal de la *Marne* au *Rhin*.

3° Outre ces canaux qui établissent la communication entre des versants ou des bassins différents, d'autres suppléent à la navigation insuffisante des fleuves ou des rivières, comme les *canaux latéraux* à la Garonne, à la Loire, à la Marne, à l'Oise, à l'Aisne, à la Somme, au cours inférieur du Rhône (*Arles à Bouc*) ; le *canal du Berry*, qui longe le cours du Cher : — ou servent de débouchés à de grandes exploitations industrielles ou agricoles, comme le système des *canaux de la Flandre*, celui des *canaux de Paris* (canal de l'Ourcq, canal Saint-Denis, canal Saint-Martin).

Exercices

Carte des voies navigables de la France.

CHAPITRE VI

LE CLIMAT ET LES PRODUCTIONS

I

Observations générales. — Le climat de la France, grâce à sa situation, est partout tempéré, mais sans être uniforme. Sur le littoral de l'ouest et du sud-ouest, il est à la fois doux et humide : les vents d'ouest qui soufflent de la mer y apportent les pluies et les brouillards, et les courants chauds de l'Atlantique y entretiennent une température égale et assez élevée pour permettre aux plantes du midi d'y vivre en pleine terre. Sur les plateaux du centre, les étés sont brûlants et les hivers rigoureux. Sur les bords de la Méditerranée, les neiges sont presque inconnues, le ciel a la pureté et la chaleur des climats de l'Europe méridionale. Aussi la France est-elle le seul pays de l'Europe qui possède à la fois les oranges et les olives de la Provence et du Languedoc, les vins généreux de la Bourgogne et du midi, et les vins plus légers du centre et de la Lorraine ; les betteraves de Picardie et du Beauvaisis, les céréales de la Beauce, de la Flandre et de l'Artois, les prairies de la Normandie, et les forêts du Jura et des Vosges.

II

Le climat rhodanien et méditerranéen. — Le bassin de la Méditerranée, au point de vue du climat, peut se diviser en deux grandes régions. — Dans la partie septentrionale et centrale jusqu'au confluent de l'Ardèche et de la Drôme avec le Rhône (*climat rhodanien*), la température moyenne de l'année est de 11 degrés centigrades, la pluie et les orages sont fréquents, les variations brusques ; les vents dominants sont ceux du sud et du nord qui s'engouffrent sans obstacle dans les longues vallées du Rhône et de la Saône, tandis que le massif central et les Alpes arrêtent les vents de l'ouest et de l'est. Cette région, boisée dans les parties élevées, cultive surtout les céréales et la vigne ; elle nourrit beaucoup de chevaux, de moutons et de porcs.

Dans la partie méridionale du bassin du Rhône et les petits bassins du littoral (*climat méditerranéen*), la température moyenne atteint 15 degrés centigradés, les hivers sont doux, les étés brûlants, les pluies torrentielles mais assez rares : les vents dominants sont celui du nord-ouest, le terrible *mistral,* si redouté des marins de la Méditerranée, et le vent du sud, le *sirocco,* tout chargé encore des exhalaisons brûlantes qu'il a recueillies en passant sur les sables de l'Afrique.

Cette région, pauvre en céréales et en prairies, doit à son climat des cultures méridionales (olivier, arbres fruitiers, amandier, pêcher, oranger, dans les environs de Nice) ; la vigne et la soie, ses deux plus riches produits, sont profondément atteints par deux fléaux qui jusqu'ici n'ont pas été combattus avec succès, le phylloxéra et la maladie des vers à soie.

Le climat girondin. — Le climat *girondin* est plus chaud et plus humide que celui du bassin supérieur du Rhône (bassins de la Garonne et de l'Adour). La moyenne de la température s'élève à plus de 12 degrés : les pluies sont fréquentes surtout dans la région des Pyrénées : les vents dominants sont les vents de mer (ouest, sud-ouest et nord-ouest) et le vent du sud. Les cultures industrielles sont rares dans le bassin du golfe de Gascogne, mais la vigne et le blé y prospèrent ; les hauts plateaux nourrissent de nombreux moutons, et les plantations de pins maritimes ont transformé les terrains stériles et sablonneux des Landes.

Le climat du centre. — Le climat du massif central est froid, les neiges y sont abondantes et commencent dès la fin d'octobre : dans la vallée inférieure de la Loire et dans celles de la Charente et de la Vilaine, la température plus douce et plus égale se rapproche de celle du bassin de la Seine, avec des pluies plus fréquentes, surtout sur le littoral, et des hivers moins rigoureux. Cette région, dont les terrains sont en grande partie granitiques est riche en pâturages et en herbages, sur les plateaux, en vins et en céréales sur le littoral de la Gironde à la Loire et dans la vallée du fleuve.

Le climat séquanien. — Dans le bassin de la Manche (*climat séquanien*), la moyenne de la température annuelle s'élève à près de 11 degrés : les hivers sont assez doux sur le littoral, les pluies abondantes, le ciel brumeux : les vents dominants sont ceux de l'ouest, du sud-ouest chargés d'humidité, et le vent sec et froid du nord-est. La vigne ne réussit pas dans toute la région maritime, où elle est remplacée par les pommes à cidre ; mais d admirables herbages, des plaines où prospèrent les céréales et les plantes fourragères, de belles cultures industrielles, font du bassin de la Manche une des parties les plus riches de notre territoire.

Le climat vosgien. — Dans le bassin de la mer du Nord, les vallées du Rhin, de la Moselle et de la Meuse (*climat vosgien*) sont exposées à de brusques variations atmosphériques : la moyenne annuelle ne dépasse pas 9 degrés et demi centigrades : les étés sont chauds, les hivers rigoureux ; les pluies et les orages assez fréquents : les vents dominants sont ceux du nord-est et du sud-ouest, l'un sec, l'autre humide. Les forêts, la vigne en Champagne et même en Lorraine, les fourrages, l'avoine sont les principaux produits agricoles de la région du nord-est.

Dans le bassin de l'Escaut, le climat est plus égal, les orages moins fréquents, les pluies plus abondantes, le ciel plus brumeux, et les vents dominants sont ceux de l'ouest et du sud-ouest qui apportent les vapeurs et les brouillards de l'Océan : la vigne n'y réussit pas, mais la culture des céréales, celle des plantes industrielles et fourragères y est poussée à un degré de perfection inconnu dans les provinces méridionales.

RÉSUMÉ.

La France est située tout entière dans la zone tempérée, mais son climat n'est pas uniforme.

1º Dans le bassin supérieur et moyen du Rhône (*climat rhodanien*), il est variable et les hivers sont assez rigoureux : c'est une région de vignes et de forêts.

2º Dans le bassin inférieur du Rhône et sur le littoral de la Méditerranée, il est sec et chaud (*climat méditerranéen*) : c'est la région de l'olivier et de la soie.

3º Dans le bassin du golfe de Gascogne (*climat girondin*) il est doux et humide, très favorable à la vigne, sauf dans les régions élevées.

4º Dans le bassin de l'Atlantique il est froid et pluvieux sur les hauteurs, très doux sur le littoral et dans la vallée de la Loire : c'est un pays de pâturages, de prairies et de céréales.

5º Dans le bassin de la Manche (*climat séquanien*), il est humide et tempéré ; les vents d'ouest y dominent : c'est la région des fourrages et des céréales : la vigne ne réussit pas sur le littoral.

6º Dans le bassin de la mer du Nord, le climat est très humide sur le littoral (bassin de l'Escaut), plus sec et plus froid dans l'intérieur (*climat vosgien*, — bassins de la Meuse et du Rhin).

Exercices

Carte de la France divisée par climats. — Carte des lignes isothermes de la France.

DEUXIÈME PARTIE

Géographie politique

CHAPITRE PREMIER

FORMATION DU TERRITOIRE FRANÇAIS. ANCIENNES DIVISIONS.

La Gaule indépendante et la Gaule romaine.
— Le pays qui porte aujourd'hui le nom de France faisait
autrefois partie d'un territoire plus vaste que les Grecs ap-
pelaient *Celtique* et les Romains *Gaule*, du nom des anciens
habitants, *Celtes* ou *Gaulois*.

Trois races principales ont contribué à peupler la Gaule.
Les deux plus anciennes paraissent être les **Ibères** (*Eusca-
riens* ou *Vascons*), dont les traits caractéristiques et la langue
ont survécu chez les Basques des Pyrénées, et qui dominaient,
entre les Pyrénées et la Garonne, dans le pays appelé plus
tard *Aquitaine;* et les **Ligures** établis à une époque très
reculée sur les bords de la Méditerranée et dans la vallée du
Rhône. La plus puissante et celle qui finit par subjuguer les
deux autres est celle des Celtes ou Gaulois (*Galli*). Les Romains donnaient plus particulièrement le nom de Celtes aux
tribus qui dominaient entre la Garonne, la mer, la Seine et
la Marne, le Jura et les Cévennes, et celui de *Belges* aux nations qui occupaient le nord de la Gaule (*Belgique*) et dont
quelques-unes étaient d'origine germanique.

Depuis longtemps déjà, des colonies phéniciennes et grec-
ques avaient pris possession d'une partie du littoral de la Méditerranée (Marseille, 600 ans av. J.-C.), quand les Romains
s'emparèrent du Midi de la Gaule, où ils fondèrent Aix et Narbonne. César acheva la soumission des Gaulois de 58 à 50
avant Jésus-Christ. La langue des vainqueurs effaça peu à peu
celle des vaincus, mais les limites de la Gaule restèrent jusqu'à la chute de la domination romaine ce qu'elles étaient
avant la conquête. L'ancienne Gaule était bornée au nord
par le Rhin; au nord-ouest par la mer du Nord et la Manche; à l'ouest, par l'Atlantique; au sud, par les Pyrénées et
la Méditerranée; à l'est, par les Alpes et le Rhin. Ces frontières étaient, comme on le voit, physiques ou naturelles, et
s'étendaient bien au delà des limites de la France moderne,
puisqu'elles embrassaient, outre le territoire français, les

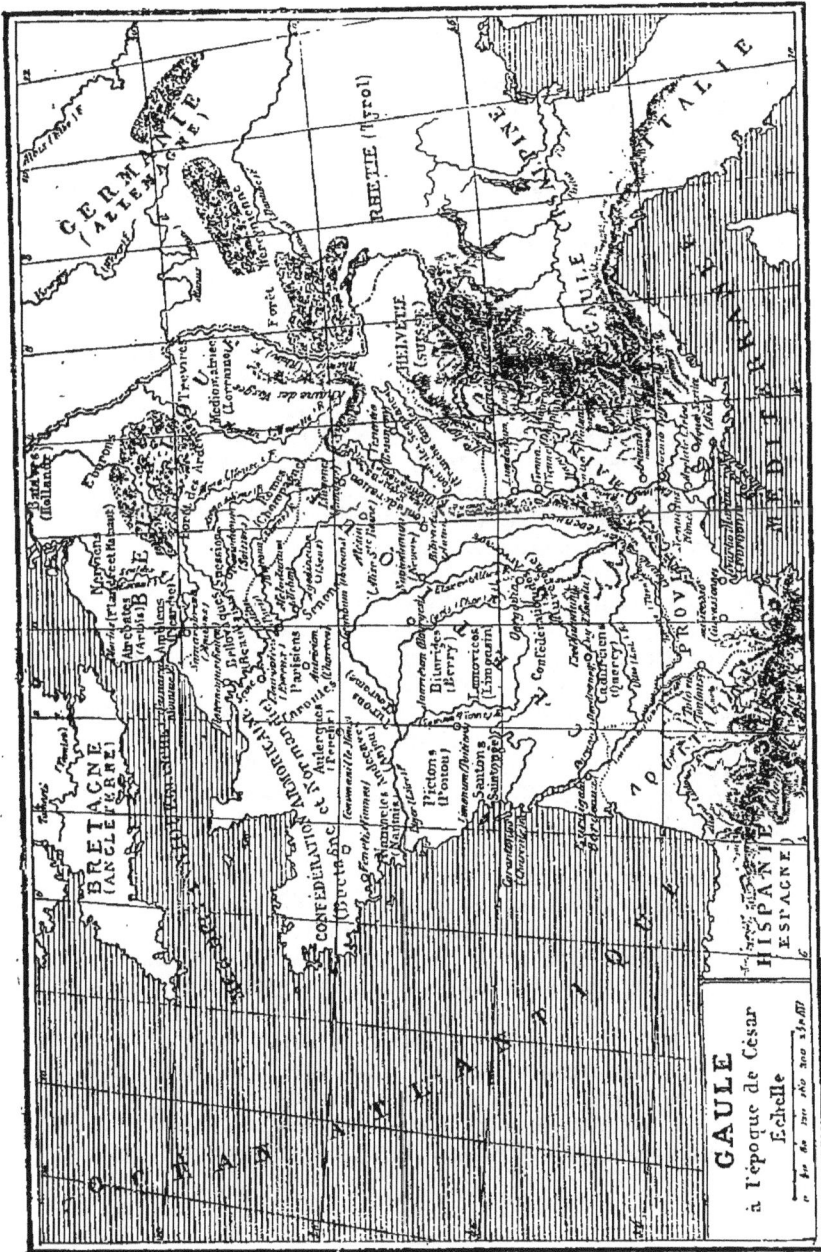

Carte VII.

pays appelés aujourd'hui Belgique, Pays-Bas, Suisse et une
partie de l'Allemagne occidentale.

La Gaule fut divisée sous Auguste en quatre provinces :
Narbonnaise, ou province romaine, **Aquitaine**, Cel-
tique ou **Lyonnaise** (du nom de *Lugdunum* ou Lyon) et
Belgique.

Cette division se modifia peu à peu, et au quatrième siècle
après Jésus-Christ, la Gaule comptait dix-sept provinces, sub-
divisées en cent quinze cités, dont les chefs-lieux étaient en
même temps les résidences des autorités administratives et
des autorités religieuses (archevêques dans les métropoles ou
capitales de provinces, évêques dans les simples cités).

La **Narbonnaise** avait formé : 1° la **Narbonnaise
première,** capitale *Narbo Martius* (Narbonne), villes principales Nemausus (Nîmes), Tolosa (Toulouse) ; 2° la **Narbonnaise deuxième,** cap. *Aquæ Sextiæ* (Aix), v. pr. Forum
Julii (Fréjus) ; 3° les **Alpes Maritimes,** cap. *Ebrodunum*
(Embrun) ; 4° les **Alpes Grées,** cap. *Darantasia* (Moutiers-
en-Tarantaise) ; 5° la **Viennoise,** cap. *Vienne,* v. pr. Mas-
silia (Marseille), Arelates (Arles), Avenio (Avignon), Geneva
(Genève), Gratianopolis (Grenoble).

L'**Aquitaine** était subdivisée en : 1° **Aquitaine première,** cap. *Bituriges* (Bourges), l'ancien *Avaricum,* v. pr.
Augustonemetum (Clermont-Ferrand), Lemovices ou Augus-
toritum (Limoges), Cadurci (Cahors), Albiga (Albi) ; 2° **Aquitaine deuxième,** cap. *Burdigala* (Bordeaux), v. pr. Limo-
num ou Pictavi (Poitiers), Santones ou Mediolanum (Saintes),
Petrocorii (Périgueux), Inculisma (Angoulême), Aginnum
(Agen) ; 3° La **Novempopulanie,** cap. *Elusa* (Eauze,
dans le Gers), v. pr. Tarbæ (Tarbes), Ausci (Auch).

La **Lyonnaise** avait formé : 1° la **Lyonnaise première,** cap. *Lugdunum* (Lyon), v. pr. Matisco (Mâcon), Ca-
billonum (Châlon-sur-Saône), Augustodunum (Autun), Lin-
gones (Langres) ; 2° la **Lyonnaise deuxième,** cap.
Rothomagus (Rouen), v. pr. Eburovices (Evreux), Baiocasses
(Bayeux), etc.; 3° la **Lyonnaise troisième,** cap. *Turones*
(Tours), v. pr. Andegavi (Angers), Suindinum ou Cenomani
(le Mans), Condate ou Redones (Rennes), Namnetes (Nantes) ;
4° la **Lyonnaise quatrième,** cap. *Agedincum* ou Se-
nones (Sens), v. pr. Lutetia Parisiorum (Paris), Melodunum
(Melun), Meldi (Meaux), Carnutes, l'ancien Autricum (Chartres), Aurelianum (Orléans), Trecæ ou Augustobona (Troyes) ;

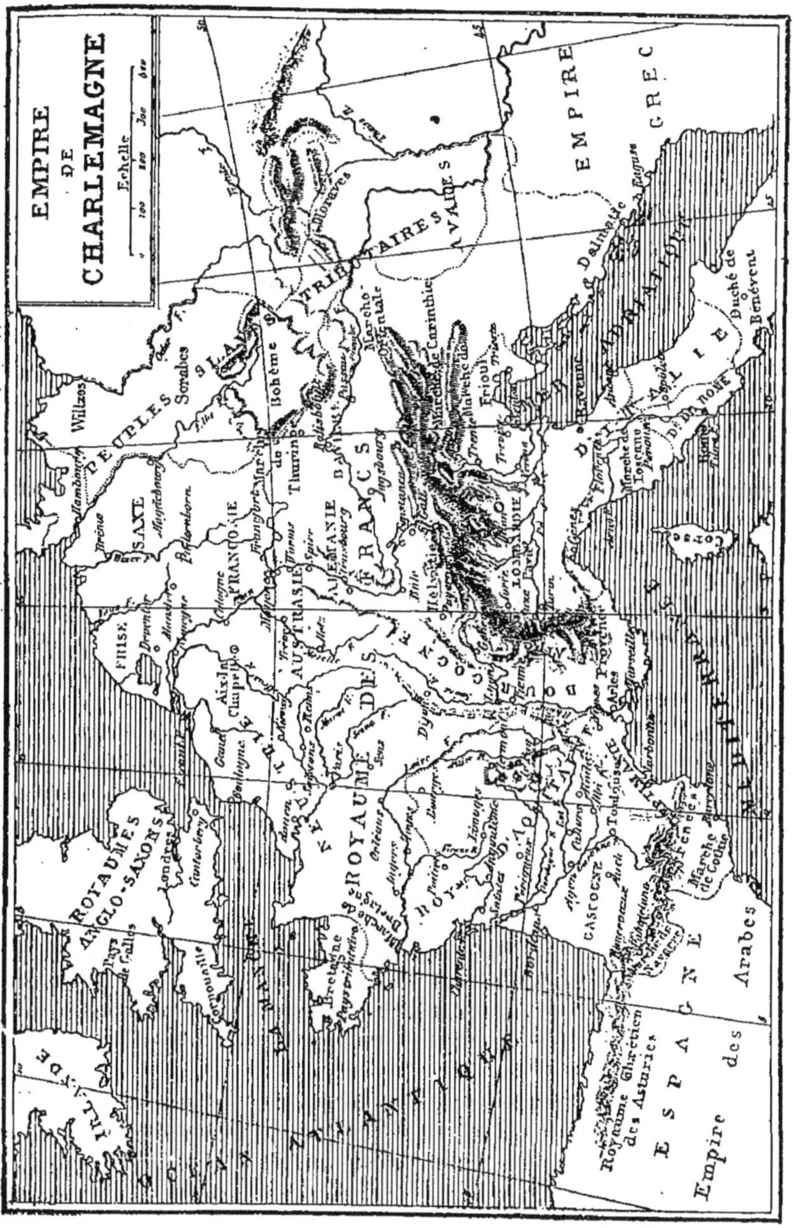
EMPIRE
DE
CHARLEMAGNE
Echelle
EMPIRE
GREC
ROYAUMES ANGLO-SAXONS
PEUPLES SLAVES
SAXE
FRISE
FRANCONIE
AUSTRASIE
ALLEMANIE
BAVIÈRE
Bohême
Thuringe
ROYAUME DES FRANCS
GASCOGNE
Marche de Gothie
Empire des Arabes
Royaume Chrétien des Asturies
Corse
Duché de Bénévent
Dalmatie
Frioul
Marche de Carinthie
Marche Orientale
Wiltzes
Sorabes
Moraves
Bretagne
Londres
Cantorbery
Cornouaille
Pays de Galles
Aix-la-Chapelle
Paris
Orléans
Reims
Sens
Tours
Angers
Limoges
Toulouse
Narbonne
Arles
Barcelone
Bordeaux
Dijon
Ratisbonne
Augsbourg
Strasbourg
Cologne
Mayence
Francfort
Paderborn
Magdebourg
Hambourg
Trente
Rome
Spolète
Ravenne

Carte VIII.

5° La **Grande Séquanaise**, cap. *Vesuntio* (Besançon).

La Belgique était morcelée en **Belgique première**, cap. *Treviri* (Trèves), v. pr. Verodunum (Verdun), Tullum (Toul), Divodurum ou Mediomatrici (Metz); 2° **Belgique deuxième**, cap. *Remi* (Reims), v. pr. Catalauni (Châlons), Suessiones (Soissons), Ambiani (Amiens), Atrebates (Arras), Bellovaci (Beauvais), Cameracum (Cambrai); 3° **Germanie première**, cap. *Moguntiacum* (Mayence, sur le Rhin), v. pr. Argentoratum (Strasbourg); 4° **Germanie deuxième**, cap. *Colonia Agrippina* (Cologne), v. pr. Lugdunum Batavorum (Leyde, en Hollande), etc.

Empire franc sous les Mérovingiens et sous Charlemagne. — Au cinquième siècle après Jésus-Christ, les invasions des barbares germains détruisirent peu à peu la domination romaine en Gaule, et Clovis, chef des Francs, lui porta le dernier coup. Le nom des Francs, qui se rendirent maîtres de l'ancienne Gaule, finit par prévaloir sur celui des Gaulois; mais ce ne fut guère avant le neuvième ou dixième siècle qu'on commença à appeler France la partie septentrionale de la Gaule, et ce nom ne s'étendit que beaucoup plus tard aux provinces du midi, qui formaient l'ancienne Aquitaine. Sous la première dynastie franque, celle des Mérovingiens, l'empire des Francs comprenait, à l'époque de sa plus grande puissance, sous le roi Dagobert Ier vers (630), toute l'ancienne Gaule divisée alors en *Burgundie* (bassin du Rhône), *Austrasie* (bassin du Rhin, rive gauche), *Neustrie* (bassins de l'Escaut, de la Somme, de la Seine et de l'Orne), *Aquitaine* (bassins de la Loire et de la Garonne). La *Septimanie* (bassins côtiers des Pyrénées au Rhône) et la *Bretagne* n'obéissaient pas aux Francs.

Sous la seconde dynastie franque, celle des Carlovingiens, les frontières reculèrent encore, et en 814, à la mort de Charlemagne, son empire comprenait toute la Gaule, le nord et le centre de l'Italie, presque toute l'Allemagne moderne et le nord de l'Espagne.

Royaume de France en 843. (Traité de Verdun.) — En 843, les fils de Louis le Débonnaire, successeur de Charlemagne, *Lothaire* (1), *Louis* et *Charles le Chauve*, se partagèrent cet immense empire. Lothaire eut l'Italie et le

(1) C'est de cette époque que date le nom de Lotharingie ou Lorraine qui fut donné à une des provinces attribuées à Lothaire.

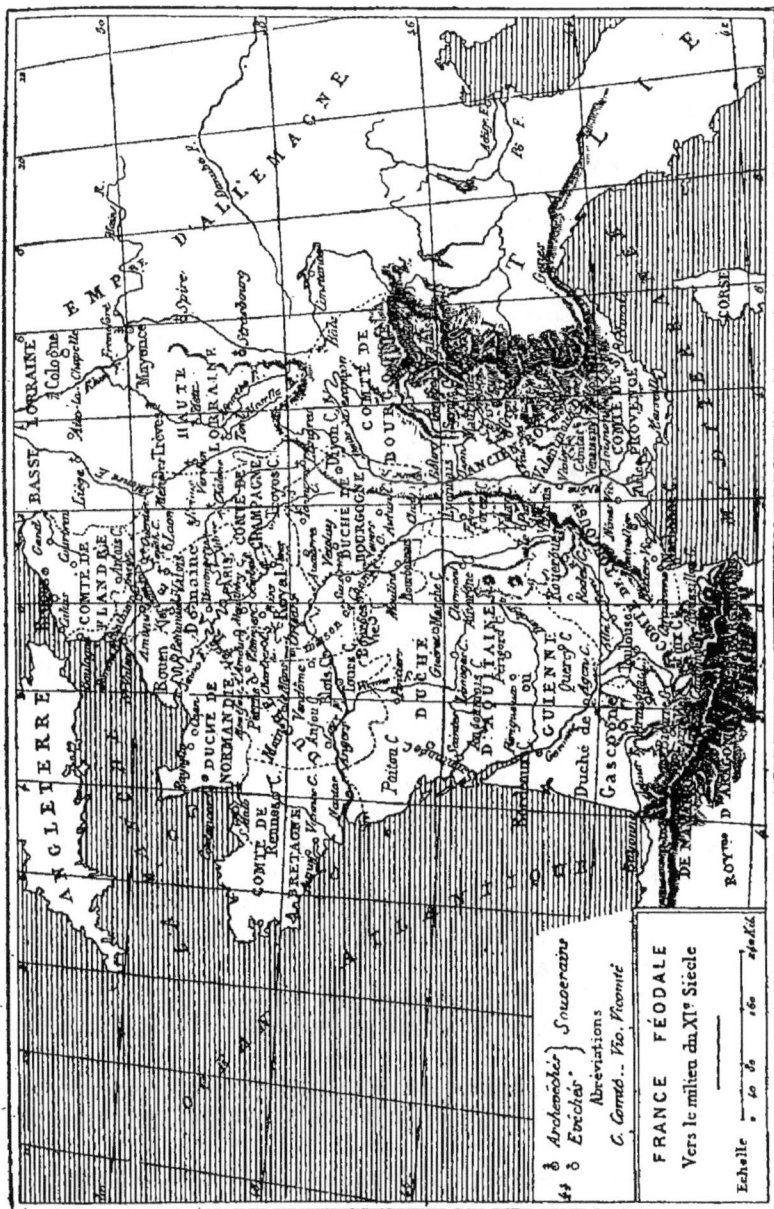

Carte IX.

pays compris entre le Rhin et les Alpes à l'est, l'Escaut, la
Meuse, la Saône et le Rhône à l'ouest; Louis la Germanie
(Allemagne), et Charles la partie de l'ancienne Gaule comprise entre la mer du Nord, la Manche et l'Atlantique au
nord-ouest et à l'ouest; les Pyrénées, le cours de l'*Èbre,* en
Espagne, et la Méditerranée au sud; le Rhône, la Saône et
la Meuse à l'Est; l'Escaut au nord.

La France féodale et la France royale
(843-1789). — Les derniers Carlovingiens et les rois de la
troisième dynastie, les Capétiens, perdirent dès le neuvième
siècle le pays au sud des Pyrénées; à la fin du quinzième,
le pays au nord de la Somme, qui devint une possession de
la maison d'Autriche; mais ils reconquirent sous Philippe
le Bel le *Lyonnais,* sous Philippe de Valois le *Dauphiné,* sous
Louis XI la *Provence,* sous Henri II la *Lorraine* occidentale,
sous Henri IV la *Bresse* et autres provinces au delà de la
Saône (départ. de l'Ain, 1601), sans compter un grand
nombre de provinces (Berry, Normandie, Touraine, Poitou,
Languedoc, Guienne et Gascogne, Maine, Anjou, Bourgogne,
Auvergne, Limousin, Bretagne), qui étaient devenues des fiefs
presque indépendants, et qui furent successivement réunies au
domaine royal.

L'annexion de l'*Alsace* (1648), du *Roussillon*, de l'*Artois*
(1659), de la *Flandre française* (1668), de la *Franche-Comté*
(1678) et de Strasbourg (1681) sous Louis XIV, celles de la
Lorraine et de la *Corse* sous Louis XV, portaient en 1789 les
limites du royaume aux Pyrénées, au Rhin et au Jura, et
poursuivaient glorieusement la marche lente de la France
moderne vers les limites naturelles de l'ancienne Gaule.

**La France de la Révolution et du pre-
mier Empire** (1789-1815). — L'acquisition du *Comtat-
Venaissin,* qui appartenait aux papes et qui fut réuni par
l'Assemblée constituante (1791) donnait pour limites à la
France, au nord-ouest, à l'ouest et au sud, ses frontières naturelles, la Manche, l'Océan et la Méditerranée; à l'est, le
Var, les *Alpes,* une ligne conventionnelle du mont *Thabor* au
Rhône, le Jura et le Rhin; au nord une limite conventionnelle qui était à peu de chose près la même qu'aujourd'hui.
La France était divisée au moment de la révolution de 1789
en 33 généralités ou intendances et en 40 gouvernements
militaires, y compris la Corse et les gouvernements de Paris,
du Havre, de Sedan, du Boulonnais, du Saumurois, de Toul,

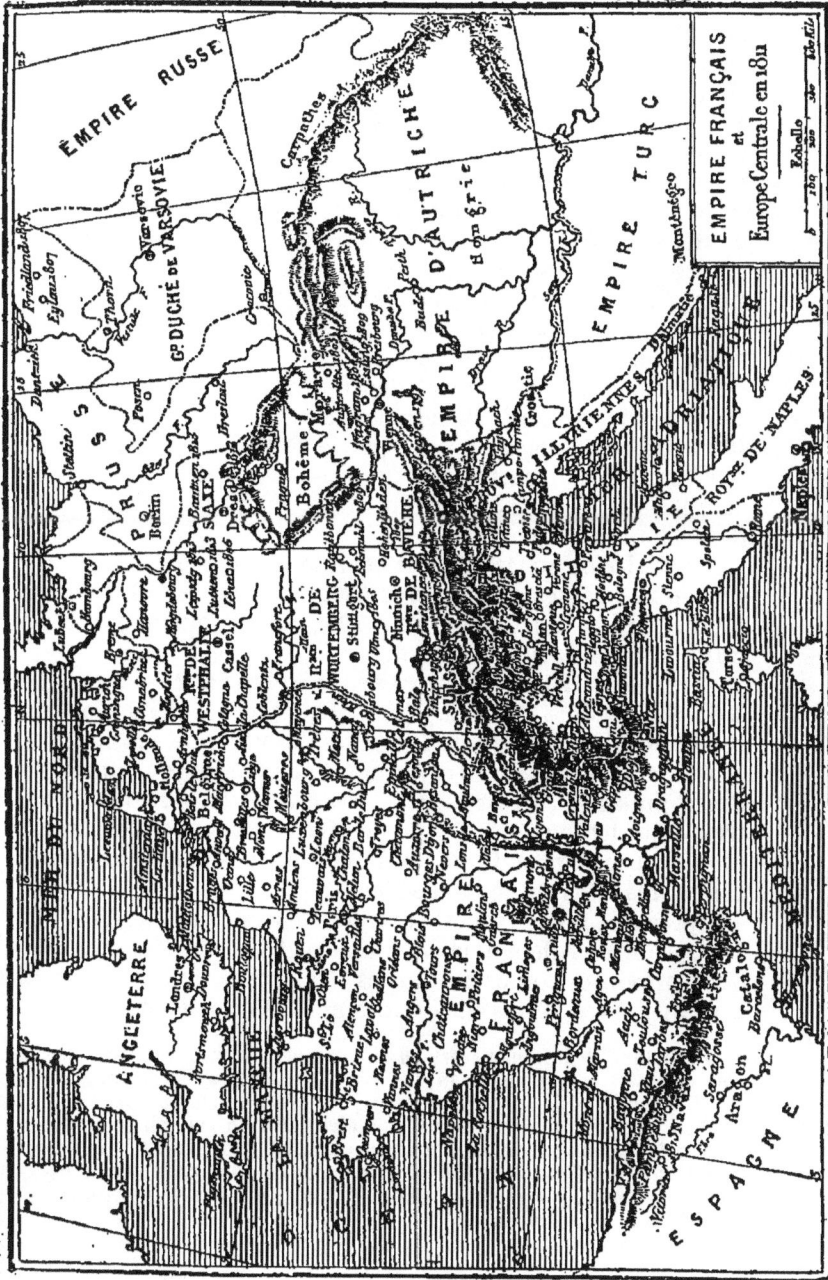

Carte X.

de la Rochelle. Ces gouvernements et généralités, qu'il ne faut pas confondre avec nos anciennes provinces dont la circonscription ne correspondait pas toujours avec cette division purement administrative, furent remplacés en 1790 par 83 départements créés pour effacer le souvenir des rivalités provinciales, et pour rapprocher par l'unité de lois et d'administration toutes les parties de la France. Les départements furent divisés en arrondissements, les arrondissements en cantons, et les cantons en communes (1).

Les victoires de la République portèrent la France, au nord, jusqu'au Rhin et jusqu'aux frontières de la Hollande ; à l'est, jusqu'aux Alpes et au lac de Genève ; elle était divisée alors en 103 départements.

Napoléon Ier atteignit et dépassa nos limites naturelles : la Hollande, en deçà et au delà du Rhin, le littoral de l'Allemagne septentrionale, une partie de la Suisse et de l'Italie devinrent des départements français ; en 1812, l'empire en comptait 130, des bouches du Tibre, en Italie, aux bouches de l'Elbe, en Allemagne.

En 1814 et en 1815, une coalition européenne renversa cet empire démesuré, et les traités de Vienne (1815) nous réduisirent à nos limites de 1791, moins quelques places fortes sur la frontière du nord.

Acquisitions et pertes territoriales depuis 1815. — En 1860, Napoléon III, après la fondation du royaume d'Italie a ajouté à la France, par une cession volontaire de la part de ce royaume et un vote presque unanime des populations, la *Savoie* et le *comté de Nice*, qui ont formé trois départements, Haute-Savoie, Savoie et Alpes-Maritimes, et qui portent notre frontière du sud-est à ses limites naturelles, les Alpes et le lac de Genève.

Après une guerre funeste entreprise par Napoléon III (1870-1871) contre l'Allemagne, les traités de 1871, en nous enlevant deux provinces toutes françaises, l'Alsace et une partie de la Lorraine avec Metz, ont compromis l'œuvre de dix siècles,

---

(1) Chaque département est administré par un préfet nommé par le chef de l'État et qui réside au chef-lieu. Un conseil général, nommé par les électeurs du département et composé d'un conseiller par canton, délibère sur les affaires départementales. Chaque arrondissement est administré par un sous-préfet et par un conseil d'arrondissement qui comprend autant de conseillers élus qu'il y a de cantons dans l'arrondissement. Le canton, siège de la justice de paix, n'a pas d'autorité administrative ni d'assemblée spéciale.

ouvert notre frontière aux attaques de la Prusse et détruit pour longtemps toute espérance de tranquillité en Europe, par une affirmation nouvelle et éclatante du droit brutal de la conquête, malgré les vœux et les intérêts des populations conquises.

La France comprend aujourd'hui 87 départements en comptant le territoire de Belfort, et environ 36,000 communes.

RÉSUMÉ.

L'histoire de la formation du territoire français peut se subdiviser en six époques.

1° et 2° La *Gaule indépendante et romaine* a pour limites, au nord, le Rhin; à l'est, le Rhin et les Alpes; au sud, la Méditerranée et les Pyrénées; à l'ouest, l'Atlantique; au nord-ouest, la Manche. La Gaule romaine se divisa d'abord en quatre provinces, *Narbonnaise, Aquitaine, Lyonnaise* ou *Celtique* et *Belgique*, puis en 17 provinces et 115 cités.

3° L'*empire franc sous les Mérovingiens et les Carlovingiens* comprend l'ancienne Gaule et la plus grande partie de l'Allemagne, à laquelle les Carlovingiens ajoutent les deux tiers de l'Italie et le nord de l'Espagne.

Le *royaume de France*, formé en 843 par le premier démembrement de l'empire carlovingien, comprend la partie de l'ancienne Gaule située entre la mer du Nord, la Manche, l'Atlantique, les Pyrénées, la Méditerranée, le Rhône, la Saône, la Meuse et l'Escaut.

4° Les Capétiens perdent le Roussillon et le pays au nord de la Somme, mais ils recouvrent successivement le Lyonnais, sous Philippe IV, le Dauphiné sous Philippe VI, la Provence sous Louis XI, une partie de la Lorraine sous Henri II, la Bresse sous Henri IV, l'Alsace, le Roussillon, l'Artois, la Flandre française, la Franche-Comté sous Louis XIV, la Lorraine et la Corse sous Louis XV, et réunissent au domaine royal tous les grands fiefs organisés au moyen âge. En 1789, la France était divisée en 33 généralités et 40 gouvernements de provinces ou de villes.

5° En 1791, l'acquisition du Comtat-Venaissin enlevé au pape, donne à la France pour frontières la Manche, l'Atlantique au nord-ouest et à l'ouest, les Pyrénées et la Méditerranée su sud, les Alpes, le Rhône, le Jura et le Rhin à l'est, et une ligne conventionnelle au nord.

La République donne à la France ses frontières naturelles, au nord et à l'est, par l'acquisition de la Savoie, de la Belgique, celle des provinces allemandes du Rhin : l'empire dépasse ces limites et s'empare de la Hollande, d'une partie de l'Allemagne, de la Suisse et de l'Italie.

Les traités de 1815 nous ramènent aux limites de 1791, moins quelques places du nord.

6° En 1860, l'annexion de Nice et de la Savoie nous rend nos limites naturelles à l'est.

En 1871, les traités de Versailles et de Francfort nous enlèvent l'Alsace et une partie de la Lorraine, qui sont réunies à l'Allemagne.

La France compte aujourd'hui 87 départements, en y comprenant le territoire de Belfort.

Exercices

Carte de la Gaule au temps de César, au temps de Constantin. — Carte de l'empire de Charlemagne. — Carte de la France féodale sous Louis VI. — Carte de la France en 1789. — Carte de l'empire français en 1811. — Carte de la France contemporaine.

CHAPITRE II

DESCRIPTION DES DÉPARTEMENTS. BASSIN DE LA MÉDITERRANÉE.

Ancienne division en provinces. — Le versant français de la Méditerranée comprend le territoire entier de quatre des anciens gouvernements de provinces : la *Franche-Comté,* le *Dauphiné,* la *Provence* et le *Roussillon,* et la plus grande partie de trois autres, le *Lyonnais,* la *Bourgogne* et le *Languedoc.* Il faut y ajouter l'île de *Corse,* ainsi que le *Comtat-Venaissin,* la *Savoie* et le *comté de Nice* réunis à la France depuis la suppression des anciens gouvernements.

Départements. — Il renferme vingt-trois (1) de nos départements qui représentent plus du quart de la superficie de la France.

1° Rive gauche du Rhône.

SAVOIE (2).

La Savoie limitrophe de l'Italie et de la Suisse est un pays de montagnes, sillonné de vallées étroites et profondes, dominé par les glaciers et les massifs neigeux du *mont Blanc,* des *Alpes Grées* et *Cottiennes,* baigné au nord par le lac de Genève, à l'ouest par le *Rhône,* et arrosé par l'*Isère.*

Les principales cultures, celles du seigle, de la pomme de terre, de la vigne, du tabac, du mûrier, ne réussissent que dans les plaines ou dans les vallées bien exposées.

(1) Nous considérons comme appartenant au bassin d'un fleuve les départements dont le chef-lieu ou le territoire presque entier est compris dans ce bassin.

(2) Savoie signifie pays des *sapins.*

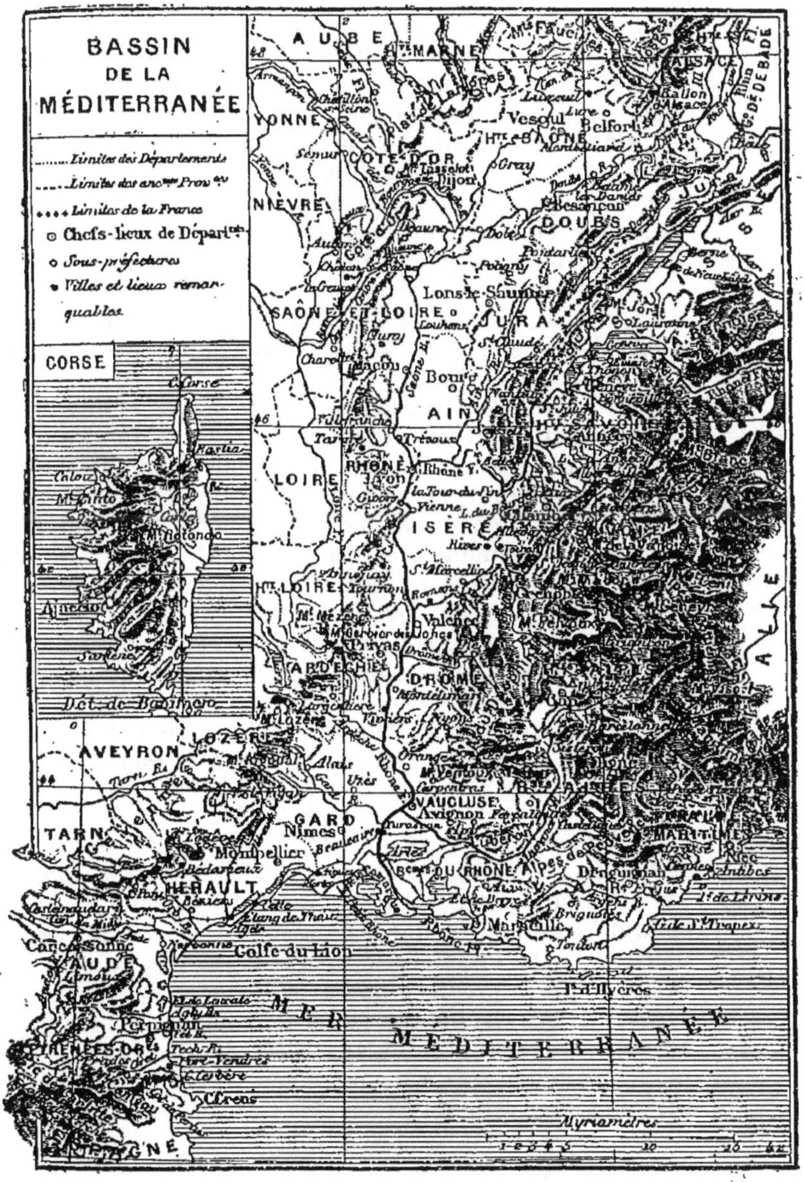

BASSIN
DE LA
MÉDITERRANÉE

_____ Limites des Départements
_____ Limites des anc.nes Prov.ces
++++ Limites de la France
○ Chefs-lieux de Départ.ts
○ Sous-préfectures
● Villes et lieux remarquables

CORSE

Carte XI.

Les plateaux, les hautes vallées, les pentes des montagnes sont couverts d'immenses pâturages, entrecoupés çà et là de quelques bois de châtaigniers et de sombres forêts de sapins, et parcourus pendant l'été par des troupeaux de bœufs et de chèvres qui sont l'unique richesse des populations de la montagne. C'est au milieu de ces forêts solitaires, de ces ravins où mugissent les torrents, que bondit sur la crête des précipices l'agile chamois, que se joue l'écureuil noir, que la marmotte creuse son terrier, que l'ours brun guette sa proie et que l'aigle royal construit son aire.

Les richesses minérales consistent en gisements de cuivre, de fer et de plomb, en carrières de granit, de marbre, de pierre de taille et de plâtre et en sources d'eaux salées ou sulfureuses (*Aix-les-Bains*).

L'industrie, qui trouvait peu de ressources dans les productions du sol et la situation du pays, ne s'est guère développée que dans le voisinage de la Suisse, où la fabrication de l'horlogerie occupe un certain nombre d'ouvriers.

Aussi la Savoie est pauvre, et une partie des montagnards est réduite à demander à l'émigration le travail et le bien-être que lui refusent un sol stérile et un climat rigoureux.

La Savoie cédée à la France en 1860, par le roi d'Italie, après un vote unanime des populations, a formé deux départements.

1° **Savoie**, chef-lieu *Chambéry* (1), ancienne capitale de la province.

2° **Haute-Savoie**, chef-lieu *Annecy*, sur le lac du même nom. Ville principale *Thonon*, sur le lac de Genève.

DAUPHINÉ (2).

Le Dauphiné, séparé de l'Italie par le massif des *Alpes Cottiennes*, sillonné par les rameaux des *Alpes du Dauphiné* qui dominent d'un côté la vallée de la *Durance*, de l'autre celle de l'*Isère*, et donnent naissance à la *Drôme*, présente dans sa partie orientale le même aspect sévère et presque sauvage que la province de Savoie : des rochers, des pâturages, des bruyères et des forêts de sapins et de châtaigniers; au nord, s'abaissent jusqu'aux bords du *Rhône*, des terrains plats et sablonneux ; à l'ouest, dans la vallée inférieure de l'Isère et dans celle du Rhône, les plaines et les coteaux sont

(1) Nous n'indiquons la population que pour les villes de plus de 25,000 habitants.

(2) Le Dauphiné appartenait autrefois à des princes qui portaient le nom de *dauphins*, titre qui devint celui des fils aînés des rois de France lorsque cette province fut réunie au domaine de la couronne.

couverts de vignobles, de plantations de chanvre, de mûriers et d'arbres fruitiers, de champs de blé et de pommes de terre. L'industrie, beaucoup plus active que dans la région savoisienne, doit en grande partie son existence aux produits même du sol. La production de la laine a créé les manufactures de draps (*Vienne*); la culture du chanvre, les fabriques de toiles (*Voiron*, dans l'Isère); celle du mûrier, les magnaneries (1); celle des arbres fruitiers et de l'amandier, la confiserie (*Montélimar*, dans le département de la Drôme); la récolte des plantes aromatiques de la montagne a donné naissance aux fabriques de liqueurs de *Grenoble* et de la *Grande-Chartreuse*; l'éducation de la chèvre à la ganterie; l'exploitation de la houille et des minerais de fer aux forges et aux fonderies de l'Isère.

Le Dauphiné acheté par Philippe VI en 1349, a formé trois départements :

1° **Isère**, patrie du chevalier Bayard (seizième siècle), chef-lieu *Grenoble* sur l'Isère (51,000 habitants), ancienne capitale du Dauphiné, place forte et ville d'industrie. Ville principale, *Vienne* sur le Rhône, déjà florissante au temps de la domination romaine.

2° **Drôme**, chef-lieu *Valence* sur le Rhône.

3° **Hautes-Alpes**, chef-lieu *Gap*. Sous-préfectures *Briançon* et *Embrun*, places fortes sur la Durance.

COMTAT-VENAISSIN (2), PROVENCE (3) ET COMTÉ DE NICE.

Cette région sillonnée par les rameaux des Alpes qui plongent brusquement dans la Méditerranée et qui viennent se terminer par des pentes plus douces sur les bords du Rhône, est le pays des contrastes ; des vents tour à tour brûlants (le *sirocco*) ou glacés (le *mistral*), des gorges sauvages hérissées de rochers, et de vertes et riantes vallées aux flancs tapissés de vignobles, semés de bouquets de mûriers et de vergers où croissent l'amandier, le pêcher, le figuier, l'olivier ; des hauteurs tantôt couronnées de forêts et de chênes-lièges, tantôt couvertes de pâturages secs où paissent de nombreux troupeaux de moutons ; des plaines fertilisées

(1) Le ver à soie dans le midi porte le nom de magnan; on appelle magnaneries les établissements où on élève les vers à soie.

(2) Le Comtat ou Comté Venaissin tire son nom de la ville de Vénasque qui en faisait partie.

(3) Au temps où les Romains commencèrent la conquête de la Gaule, les pays qu'ils occupèrent les premiers portèrent le nom de *Province romaine :* telle est l'origine du nom moderne de Provence.

par les canaux d'irrigation et où se récoltent la garance (Comtat-Venaissin), le froment, les légumes ; ou arides, pierreuses, couvertes de cailloux roulés, mais qui en hiver se revêtent d'une herbe courte et savoureuse (plaine de la *Crau*, au nord de l'étang de Berre) ; enfin des baies étroites et bordées de rochers, ou des golfes entourés de collines verdoyantes, au pied desquels grandissent l'oranger, le citronnier et le palmier (comté de Nice). La Provence a peu de manufactures : les principales industries, extraction du marbre dans la région des Alpes, du charbon de terre à *Fréjus* (Var), à *Aix*, à *Forcalquier* (Bass.-Alpes), magnaneries dans toute la Provence et surtout dans le Comtat-Venaissin, extraction des huiles d'olive,

Fig. XX. — Avignon. Le château des Papes.

parfumerie de *Grasse* et de *Nice*, tanneries du département du Var, se bornent à l'exploitation des produits du sol ; la seule grande ville industrielle est *Marseille*, qui doit à son immense commerce maritime et à la facilité avec laquelle elle se procure les matières premières, ses forges, ses fonderies de cuivre, ses moulins à vapeur, ses fabriques de bougies, de savon, de produits chimiques, ses raffineries de sucre, ses salaisons, etc.

La Provence devenue française par héritage sous Louis XI, a formé trois départements :

1° **Basses-Alpes**, chef-lieu *Digne*. Ville principale : *Sisteron* sur la Durance.

2° **Bouches-du-Rhône**, chef-lieu *Marseille*, la ville phocéenne, enrichie par le commerce et l'industrie, notre premier port marchand et la troisième ville de France par le chiffre des habitants (360,000 habitants). Sous-préfectures : *Aix* (29,000 habitants), ancienne capitale de la Provence, et *Arles* (24,000 hab.), sur le Rhône, toutes pleines encore de leurs souvenirs et de leurs monuments romains.

3° **Var** (1), chef-lieu *Draguignan*. Ville principale : *Toulon* (70,000 hab.), notre grand port de guerre sur la Méditerranée.

Le Comtat-Venaissin qui appartenait au pape et qui fut réuni à la France en 1791, a formé un département : celui de **Vaucluse**, ainsi nommé d'une source qui se déverse dans le Rhône par la Sorgues, chef-lieu *Avignon* (38,000 hab.), sur le Rhône, résidence des papes au quatorzième siècle. Villes principales : *Carpentras*, au pied du mont Ventoux, et *Orange*, avec leurs ruines romaines.

Le comté de Nice, français depuis 1860, a formé un département : celui des **Alpes-Maritimes**, chef-lieu *Nice*, sur la Méditerranée (66,000 habitants), si renommée par son climat. Villes principales : *Grasse*, *Antibes* sur la Méditerranée.

CORSE.

La **Corse** (*Corsica*) est une grande île montagneuse située dans la Méditerranée, à 160 kilomètres au sud des côtes de France, terminée au nord par le *cap Corse*, et séparée de l'île de Sardaigne par le *détroit de Bonifacio*. Couverte de forêts ou de fourrés inextricables qui portent le nom de *maquis*, ravinée par des torrents qui inondent les vallées, et qui transforment les plaines basses en marécages, la Corse, dont les rudes et belliqueuses populations gardent encore leur langue (l'italien) et une partie de leurs habitudes nationales, est un pays primitif, mal peuplé, sans industrie, mais réservé à un brillant avenir : les céréales, toutes les variétés d'arbres fruitiers, le citronnier, l'olivier, le mûrier, le tabac, le chanvre, réussissent sur le littoral ; le bétail y trouve de magnifiques pâturages ; des forêts de pins, de châtaigniers et de chênes verts couronnent les montagnes, qui recèlent dans leurs flancs des carrières de marbre, des mines de fer, de cuivre et de plomb.

La Corse conquise en 1769 a formé un département : chef-lieu *Ajaccio*, sur la côte occidentale, patrie de l'empereur Napoléon Ier. Ville principale : *Bastia*, le premier port de l'île.

2° Bassins côtiers, rive droite du Rhône, vallée de la Saône.

ROUSSILLON.

Le **Roussillon** (2), limitrophe de l'Espagne à qui il fut

---

(1) Le Var ne coule plus depuis 1860 dans le département qui porte encore son nom. La partie qu'il arrosait a été réunie aux Alpes-Maritimes.
(2) Le Roussillon doit ce nom à la ville antique de *Ruscino*.

enlevé sous Louis XIV, et dont il a en partie conservé la langue et les usages est enveloppé au sud par les *Pyrénées* et le mont *Canigou*, à l'ouest par les *Corbières occidentales*, à l'est par la Méditerranée bordée d'étangs et de plages sablonneuses. Autant la région de la montagne avec ses torrents, ses lacs, ses pâturages et ses sommets dépouillés, et celle du littoral avec ses marais salants et ses plages nues balayées par le vent, sont stériles et désolées, autant la plaine qu'arrose la Têt avec ses innombrables canaux d'irrigation, ses plants de vignes et d'oliviers, ses moissons et ses cultures maraîchères(1), est peuplée et fertile. Le Roussillon exploite des carrières de marbres, des mines de fer et de nombreuses sources thermales (*Amélie-les-Bains*, etc.).

Il a formé un département : celui des **Pyrénées-Orientales**, chef-lieu *Perpignan* (32,000 hab.), place forte sur la Têt. Ville principale : *Port-Vendres*, sur la Méditerranée.

LANGUEDOC.

La province de **Languedoc** (2), n'appartient pas tout entière au bassin du Rhône ; elle est coupée par les *Cévennes méridionales* et *septentrionales*, et le versant méridional et oriental de ces montagnes est le seul qui fasse partie de ce bassin. Bordé sur le littoral d'étangs (étang de Thau) et de marais salants, dominé par les pentes abruptes des Cévennes dont le sol pierreux ne se prête guère qu'au pâturage, à la culture de la pomme de terre, du seigle et à celle du mûrier, le Languedoc renferme entre la montagne et la mer une zone d'une merveilleuse fertilité, couverte de vignobles, d'oliviers, d'arbres fruitiers, de moissons ; l'industrie beaucoup plus active qu'en Provence doit en grande partie son existence aux produits mêmes du sol ; la culture de la vigne a donné naissance à la préparation des eaux-de-vie et des alcools de *Cette*, de *Béziers*, de *Montpellier*; celle du mûrier aux innombrables magnaneries du *Gard* et de l'*Ardèche*, et aux fabriques de soieries de *Nîmes*; l'éducation des abeilles au commerce des miels de *Narbonne*; celle du mouton, aux manufactures de draps de *Lodève* et de *Carcassonne*; celle de la chèvre aux

(1) On appelle ainsi la culture des légumes qui réussit surtout dans des terrains bas occupés autrefois par des marais.

(2) On appelait autrefois langue d'oc celle qui se parlait dans le midi de la France et où le mot *oui* se disait *oc*.

mégisseries (1) d'*Annonay* (Ardèche); l'exploitation des
houilles de *Bessèges* (Gard) aux usines métallurgiques et aux
verreries d'*Alais*; celle des mines de fer de l'*Ardèche*, aux
forges de *La Voulte*; celle des minerais de cuivre de l'*Hérault*,
aux fabriques de vert-de-gris de *Montpellier*, etc.

Fig. XXI. — Maison-Carrée.

La partie du Languedoc comprise dans le bassin du Rhône et
qui fut conquise par Louis VIII, a formé quatre départements :

1° **Aude**, chef-lieu *Carcassonne* (27,500 habitants), sur
l'Aude. Ville principale : *Narbonne* (26,000 habitants), une
des premières villes romaines de l'ancienne Gaule.

2° **Hérault**, chef-lieu *Montpellier* (56,000 habitants),
siège d'une école de médecine qui rivalisait au moyen âge
avec celle de Paris. Sous-préfectures : *Béziers* (43,000 hab.),
Saint-Pons, *Lodève*. Ville principale : *Cette* (35,500 habitants),
port sur la Méditerranée au débouché du canal du Midi.

(1) On appelle mégisserie l'industrie qui s'occupe de la préparation
des peaux destinées spécialement à la ganterie.

3° **Gard**, chef-lieu *Nîmes* (63,000 habitants), célèbre par ses monuments romains et surtout par les ruines de ses gigantesques arènes et par le temple appelé Maison-Carrée. Villes principales : *Alais*, sur le Gard ; *Beaucaire*, sur le Rhône, autrefois importante par ses foires.

4° **Ardèche**, chef-lieu *Privas*. Villes principales : *Annonay* et *Aubenas*, centres industriels.

LYONNAIS (1).

Coupée par les montagnes boisées du Lyonnais et du Beaujolais, cette province située en partie dans le bassin de la Loire, en partie dans celui du Rhône, a formé dans ce dernier le département du **Rhône**, un des plus petits et des plus peuplés de France, admirablement cultivé, et dont le chef-lieu, *Lyon* (376,000 hab.), au confluent de la Saône et du Rhône, l'antique capitale des Gaules au temps de la domination romaine, la métropole de l'industrie des soieries, l'un des principaux centres pour la fabrication de la charcuterie, de la bière, des liqueurs, de la chapellerie, des machines à vapeur, des produits chimiques, est la seconde ville de France par sa population, l'une des premières par son commerce. La seule sous-préfecture est *Villefranche* sur la rive droite de la Saône, qui partage avec la petite ville de *Tarare* la fabrication des mousselines et des peluches, dites articles de Tarare.

BOURGOGNE (2).

La **Bourgogne**, coupée comme les provinces précédentes par les *Cévennes septentrionales* et la *côte d'Or*, appartient pour les deux tiers de son territoire au bassin du Rhône. La partie qui s'étend sur la rive droite du *Rhône* et sur la rive gauche de la *Saône*, est sillonnée à l'est par les chaînes boisées du *Jura*, qui viennent mourir dans une plaine à peine ondulée, connue autrefois sous le nom de *Bresse* et de pays des *Dombes*, riche en céréales, en prairies, en bestiaux, en volailles, mais couverte d'étangs, malsaine et encore désolée par les fièvres, malgré les travaux d'assainissement. Sur la rive droite de la *Saône* s'élèvent en amphithéâtre des bords de la rivière au sommet des Cévennes et de la côte d'Or, de vertes

(1) Il fut en grande partie acquis par Philippe IV en 1312.
(2) Cette province doit son nom à un peuple d'origine germanique qui s'y établit au vᵉ siècle après J.-C. et qui se nommait *Burgondes* ou *Bourguignons*.

prairies, des champs de blé, d'avoine, d'orge, de maïs, de chanvre, des coteaux tapissés de vignes, dont les crus généreux n'ont pas de rivaux dans le monde, d'épaisses forêts de chênes et des pâturages qui nourrissent des troupeaux de moutons mérinos.

Les richesses minérales, asphaltes de *Seyssel* (Ain), pierres de taille de la Côte-d'Or, mines de fer des environs de Dijon et de Mâcon; houillères de *Blanzy*, du *Creusot*, d'*Epinac* (situées sur le revers occidental des Cévennes, dans le bassin de la Loire), terre à briques de *Béze* (Côte-d'Or), ne le cèdent pas aux richesses végétales; aussi les verreries (*Blanzy* et *Epinac*) et surtout les industries métallurgiques représentées par les grands établissements du *Creusot*, de *Châtillon - sur - Seine*, etc., ont-elles pris un large développement.

La Bourgogne en partie réunie au domaine royal par Louis XI à la mort du dernier duc, Charles le Téméraire; en partie conquise par Henri IV sur le duc de Savoie (département de l'Ain), a formé quatre départements, dont un dans le bassin de la Seine, celui de l'Yonne, et trois dans le bassin du Rhône :

1° **Ain**, chef-lieu *Bourg*.

2° **Saône-et-Loire**, chef-lieu *Mâcon* sur la Saône, patrie du poëte Lamartine. Sous-préfectures : *Autun,* vieille

Fig. XXII. — Chanvre. (La tige est longue de 1 m. 50 à 2 m. 50.)

ville romaine, sur l'Arroux affluent de la Loire, *Châlon-sur-Saône*. Ville principale, le *Creusot* (28,000 habitants.)

3° **Côte-d'Or**, patrie de saint Bernard, le prédicateur de la seconde croisade, de Bossuet, l'un des plus grands écrivains du dix-septième siècle, et du célèbre naturaliste Buffon (dix-huitième siècle): chef-lieu *Dijon* (55,500 hab.), ancienne capitale de la province, sur le canal de Bourgogne. Ville principale *Beaune*, au centre des plus riches vignobles de Bourgogne.

FRANCHE-COMTÉ (1).

La **Franche-Comté** est un pays de montagnes, de forêts et de pâturages, sillonné de profondes vallées où serpentent l'*Ain* et le *Doubs*, et dominé par les crêtes boisées du *Jura*. Les pâturages de la montagne et les prairies des bords du Doubs et de la Saône nourrissent des chevaux robustes et de nombreux bestiaux dont le lait sert à la fabrication du fromage qui se vend en France sous le nom de Gruyère. La richesse forestière, l'abondance des minerais de fer, l'exploitation de la houille dans la Haute-Saône, ont créé de nombreuses forges et des fabriques d'outils. Le voisinage de la Suisse a développé à *Besançon* et dans plusieurs autres villes l'industrie de l'horlogerie : enfin la région du Jura est riche en pierres de taille, en sources d'eaux minérales (*Luxeuil* dans la Haute-Saône), et en sources salées, dont les plus connues sont celles de *Salins* (Jura).

La Franche-Comté a formé trois départements :

1° **Haute-Saône**, chef-lieu *Vesoul*. Ville principale : *Gray* sur la Saône.

2° **Doubs**, chef-lieu *Besançon* (57,000 habitants), ancien chef-lieu de la province, place forte sur le Doubs.

3° **Jura**, chef-lieu *Lons-le-Saunier*. Ville principale : *Dôle*, sur le Doubs.

CHAPITRE III

BASSIN DE LA MER DU NORD.

Divisions anciennes et contemporaines.—Le bassin de la mer du Nord comprend cinq de nos anciennes provinces : l'*Alsace*, la *Lorraine*, une partie de la *Champagne*, l'*Artois* et la *Flandre* qui formaient huit gouvernements.

Il était divisé avant 1871 en neuf départements qui représentaient un dixième de la superficie de la France. Aujourd'hui il ne comprend plus que six départements et l'arrondissement de Belfort considéré comme un septième.

(1) Le mot Comté était autrefois du féminin. La Franche-Comté s'appelait aussi la comté de Bourgogne.

Vallée du Rhin.

ALSACE (1).

L'Alsace (2) est une étroite et fertile plaine resserrée entre le *Rhin* et les *Vosges*, dont les premiers mamelons couverts de vignes et de moissons, contrastent avec les sombres forêts de sapins qui montent jusqu'à la cime et qui tapissent les flancs des vallées où roulent les affluents de l'Ill. Dans la plaine au sol humide et profond croissent le houblon, qui sert à la fabrication des fameuses bières de Strasbourg, le tabac, le chanvre, les céréales, les fèves. L'Alsace nourrit beaucoup de chevaux, de bœufs et de volailles. Elle possède des sources minérales, des mines de fer qui ont développé à *Belfort*, à *Strasbourg*, à *Niederbronn* l'industrie des forges, des machines-outils, de la quincaillerie ; des carrières de grès, des mines d'alun, qui ont créé des fabriques de poteries et de produits chimiques, mais les deux principales industries, celle du coton (*Mulhouse*) et celle de la laine (*Bischwiller* dans le Bas-Rhin, *Sainte-Marie-aux-Mines* dans le Haut-Rhin), qui réunissent au travail de la filature celui du tissage et l'impression sur étoffes, ne doivent leur existence qu'à l'esprit de recherche, à la persévérance, au patient et laborieux génie des populations alsaciennes, françaises de cœur et d'intérêts, bien

Fig. XXIII. — Houblon.

(1) Tout en enregistrant des changements imposés par la nécessité et consacrés par des traités, il est bon de ne pas laisser oublier que l'Alsace et la Lorraine dite allemande ont été françaises et ne sont allemandes que par le droit de la force. Les traités passent et les traditions restent.
(2) Alsace signifie pays de l'*Ill* ou *Ell* (Elsasz).

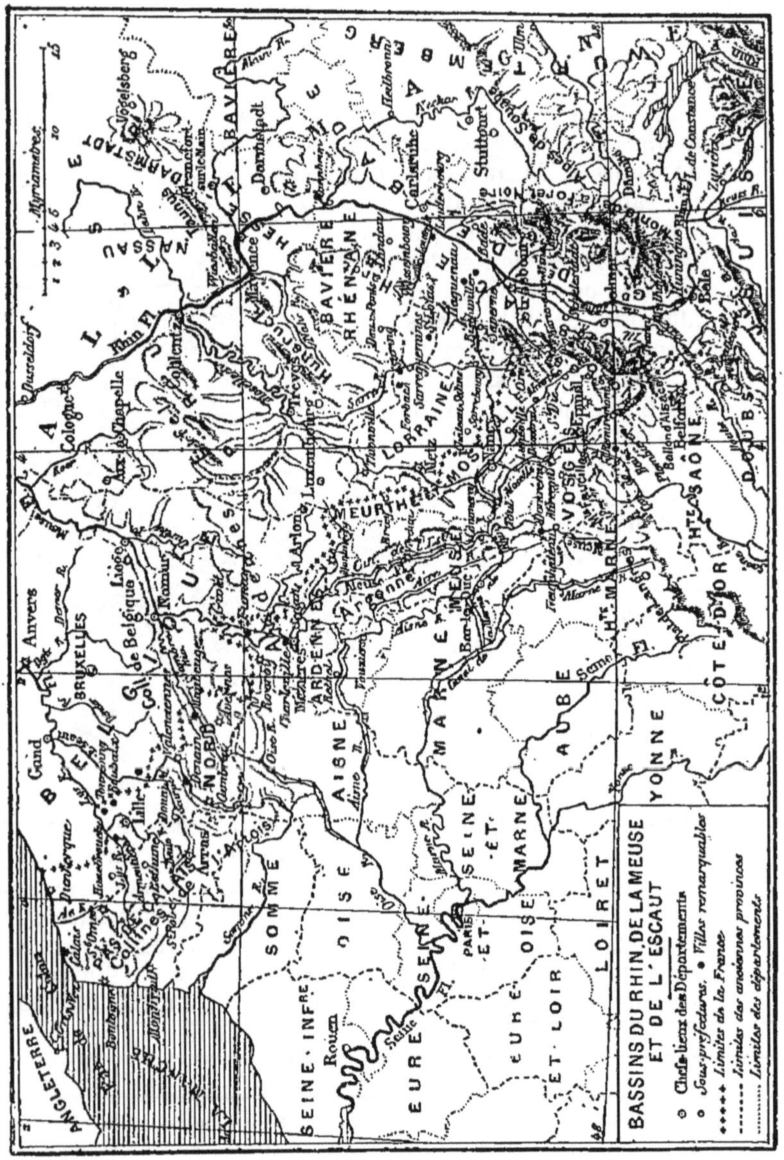
BASSINS DU RHIN, DE LA MEUSE
ET DE L'ESCAUT
Chefs-lieux des Départements
Sous-préfectures.
Villes remarquables
Limites de la France
Limites des anciennes provinces
Limites des départements
Myriamètres
BELGIQUE
BRUXELLES
Anvers
Gand
Liège
Namur
Cologne
Aix-la-Chapelle
Coblentz
Mayence
Darmstadt
Francfort
Stuttgart
Carlsruhe
Luxembourg
Trèves
Metz
Nancy
Strasbourg
Colmar
Bâle
Lille
Arras
Rouen
PARIS
NORD
AISNE
SOMME
OISE
ARDENNES
MARNE
AUBE
YONNE
MEUSE
MOSELLE
MEURTHE
VOSGES
LORRAINE
SEINE INFre
EURE
EURE ET LOIR
SEINE ET OISE
SEINE ET MARNE
LOIRET
CÔTE D'OR
HTE SAÔNE
DOUBS
HT RHIN
BAS RHIN
BAVIÈRE RHÉNANE
NASSAU
DARMSTADT
ANGLETERRE
Seine Fl.
Rhin Fl.

Carte XII.

qu'en partie allemandes par la langue, sinon par la race.
Cette province acquise sous Louis XIII a été enlevée à la France
par les traités de 1871 et forme aujourd'hui une dépendance
de l'empire d'Allemagne ou plutôt de la Prusse.

Elle comprenait avant 1871 deux départements :

1° Celui du **Bas-Rhin**, chef-lieu *Strasbourg*, ancienne capitale de l'Alsace, sur l'Ill (104,500 h. en 1881). Villes principales : *Saverne, Wissembourg*, sur la Lauter, célèbre par nos
triomphes pendant les guerres de la Révolution et par notre
premier échec en 1870 ; *Haguenau, Reichshofen* où une armée
française fut écrasée par les Allemands en août 1870.

2° Le **Haut-Rhin**, chef-lieu *Colmar*. Sous-préfectures :
Mulhouse, sur l'Ill (68,500 hab.) et *Belfort*, place forte, illus-
trée par sa défense en 1870 et qui reste seule à la France
avec une portion de son arrondissement.

Vallées de la Moselle et de la Meuse.

LORRAINE (1) (*Lorraine, Toul, Metz et Verdun*).

La **Lorraine** est un plateau coupé du sud au nord par
la vallée de la *Meuse* et celle de la *Moselle*, et dominé à l'est
par les Vosges, qui versent dans la Moselle la *Sarre* et la
Meurthe. Habitée par une race énergique et laborieuse, dont le
caractère comme la langue rappellent la situation intermé-
diaire entre la France et l'Allemagne, la Lorraine est à la fois
un pays d'agriculture et d'industrie. Sur la pente des Vosges
s'étendent des forêts de chênes et de sapins, entrecoupées
de clairières où on cultive surtout la pomme de terre, et dominées par des sommets gazonnés où paissent de nombreux
troupeaux de vaches. Aussi les fromages des Vosges égalent-
ils en réputation ceux du Jura (fromages de Gérardmer dans
les Vosges, etc.) : les plaines et les vallées produisent en abondance le froment, les arbres fruitiers, les plantes fourragères,
la vigne ; sur les plateaux de l'Argonne et des Ardennes qui
encadrent la vallée de la Meuse, le sol est maigre et pierreux,
mais les pâturages qui en couvrent le sommet se prêtent à
l'éducation du mouton, et celle du porc est favorisée par les
forêts de chênes qui en revêtent les flancs. Du reste, le travail a
su partout dompter la nature ou profiter des ressources qu'elle

(1) Voir plus haut la note de la page 116.

offrait : des papeteries, dés filatures de coton se sont établies dans les vallées des Vosges, sur les chutes d'eau qui leur procuraient une force motrice ; des verreries, des cristalleries (*Saint-Louis* et *Baccarat*), des manufactures de glaces (*Cirey*), et de faïences (*Sarreguemines*) au milieu des forêts où elles trouvaient le combustible ; des forges puissantes (*Frouard* près de Nancy, *Styring* au nord-est de Metz), au centre des gisements de fer et de houille qui bordent la vallée de la Moselle et celle de la Sarre ; de magnifiques salines qui, avant 1871, fournissaient près d'un tiers du sel consommé en France, avaient en même temps développé l'industrie des produits chimiques ; enfin les broderies de *Nancy* et de *Mirecourt* rivalisent avec les produits de la Suisse.

La Lorraine formait, avant 1871, quatre départements:

1° **Vosges**, chef-lieu *Epinal,* sur la Moselle, qui partage avec Metz la fabrication et le commerce de l'imagerie. Villes principales : *Remiremont* sur la Moselle, *Saint-Dié* sur la Meurthe, *Plombières,* célèbre par ses eaux thermales et le petit village de *Domrémy* où naquit Jeanne d'Arc.

2° **Meurthe**, chef-lieu *Nancy*, sur la Meurthe (73,000 hab.), ancienne capitale de la Lorraine. Villes principales : *Lunéville* sur la Meurthe et *Toul* sur la Moselle.

3° **Moselle**, chef-lieu **Metz** (53,000 hab. en 1881), sur la Moselle, place forte dont le nom rappelle les plus sanglants et les plus tristes épisodes de la campagne de 1870. Villes principales : *Sarreguemines,* sur la Sarre, et *Thionville,* place forte, sur la Moselle.

4° **Meuse**, chef-lieu *Bar-le-Duc,* sur un affluent de la Marne. Ville principale : *Verdun,* place forte, sur la Meuse.

Les traités de 1871 nous ont enlevé tout le département de la Moselle, sauf l'arrondissement de Briey ; et deux arrondissements de la Meurthe, ceux de Château-Salins et de Sarrebourg. De ces deux départements, on en a formé un seul, la **Meurthe-et-Moselle**, chef-lieu *Nancy.* Sous-préfectures: *Briey, Lunéville* et *Toul.*

CHAMPAGNE (1) (*Principauté de Sedan*).

La partie de la Champagne comprise dans le bassin de la Meuse n'a formé qu'un département, celui des **Ardennes**,

_____

(1) Ce nom signifie pays de plaines (*campania*).

limité au nord par la Belgique, arrosé par la *Meuse,* et par
l'*Aisne,* affluent de l'Oise, et presque entièrement couvert,
sauf dans sa partie méridionale, par les plateaux boisés de
l'Argonne et des Ardennes qui forment la ceinture du bassin
de la *Meuse.* Les pâturages nourrissent de nombreux moutons estimés pour leur chair et pour leur laine que mettent
en œuvre les filatures de *Rethel* et les manufactures de draps
de *Sedan* : malgré l'âpreté du sol, le froment, le seigle, la
pomme de terre, le chanvre, les prairies naturelles et artificielles, concourent avec les mines de fer, les carrières d'ar-
doises de *Fumay,* à la prospérité croissante d'une région où
le travail a dû tout créer malgré la nature.

Le chef-lieu est *Mézières-Charleville* sur les deux rives de
la Meuse, avec ses manufactures d'armes et de clouterie ; les
villes principales : *Rocroi,* place forte, fameuse par une vic-
toire du grand Condé (1643) ; *Sedan,* sur la Meuse, patrie de
Turenne (dix-septième siècle) et théâtre d'un de nos plus
sanglants désastres (1er septembre 1870).

Bassin de l'Escaut.

ARTOIS (1).

L'Artois est une plaine arrosée par le cours supérieur de
la *Scarpe,* de la *Lys,* et par quelques petits fleuves côtiers,
traversée par les *collines de l'Artois,* bordée sur les côtes de
la Manche et du détroit qui lui a donné son nom de dunes et
de plages marécageuses, semée de tourbières, mais presque
partout fertile, couverte de prairies, de champs de blé, de
betteraves, de colza, de lin, de chanvre, de pommes de
terre, de plantations de tabac et de cultures maraîchères. Il
a formé le département du **Pas-de-Calais,** chef-lieu *Arras,*
(27,000 habitants), place forte sur la Scarpe; villes principales:
Boulogne (45,000 hab.), port sur le Pas-de-Calais ; *Saint-Omer,*
sur l'Aa, et *Calais* (44,000 hab. avec *Saint-Pierre-lès-Calais*),
sur le détroit, en relations continuelles avec l'Angleterre.

FLANDRE (2).

La Flandre a formé le département du **Nord,** limité au

(1) Ce nom dérive de celui d'un ancien peuple de la Gaule, les *Atrebates.*
(2) Ce nom dont l'origine est incertaine, n'est usité qu'à partir du
neuvième siècle ap. J.-C.

nord par la Belgique, à l'ouest par la mer du Nord, arrosé
par l'*Escaut*, la *Scarpe*, la *Lys*, la *Sambre* et de nombreux
canaux : c'est une plaine ondulée et couverte de forêts et
d'herbages dans sa partie orientale,
marécageuse et sablonneuse sur les
bords de la mer, formée au centre de
magnifiques terrains d'alluvion qui
produisent la betterave, les céréales,
le lin, les plantes oléagineuses (colza,
œillette, etc.), le houblon, le tabac, les
plantes fourragères, et qui nourrissent
des races estimées de chevaux, de
bœufs, de moutons. L'industrie, non
moins active que l'agriculture, extrait
du colza, du lin et de l'œillette les
huiles ; le sucre et l'alcool de la betterave ; file et tisse le lin et la laine à
Lille, à *Roubaix* (91,000 hab.), à
Tourcoing, fabrique des dentelles auxquelles *Valenciennes* a donné son nom.
Les riches houillères d'*Anzin* ont créé
des forges, des fonderies, des fabriques
de machines, des verreries (*Anzin*,

Fig. XXIV. — Lin (haut.
de la tige 50 centimètres.)

Denain, théâtre d'une des dernières
victoires du règne de Louis XIV, *Mau-
beuge*), qui ne craignent en France aucune concurrence.

Le chef-lieu est *Lille* (178,000 hab.), place forte de premier ordre et l'un de nos grands centres manufacturiers.

Les villes principales sont, outre *Roubaix* et *Tourcoing*
(52,000 hab.) ; *Cambrai*, sur l'Escaut ; *Douai* (29,000 hab.),
sur la Scarpe ; *Dunkerque* (38,000 hab.), sur la mer du
Nord, patrie du marin Jean-Bart (dix-septième siècle), et
Valenciennes (27,600 hab.), place forte sur l'Escaut.

CHAPITRE IV

BASSIN DE LA MANCHE.

Divisions anciennes et contemporaines. —
Le bassin de la Manche comprend trois de nos anciennes
provinces, l'*Ile-de-France*, la *Picardie* et la *Normandie*, et une

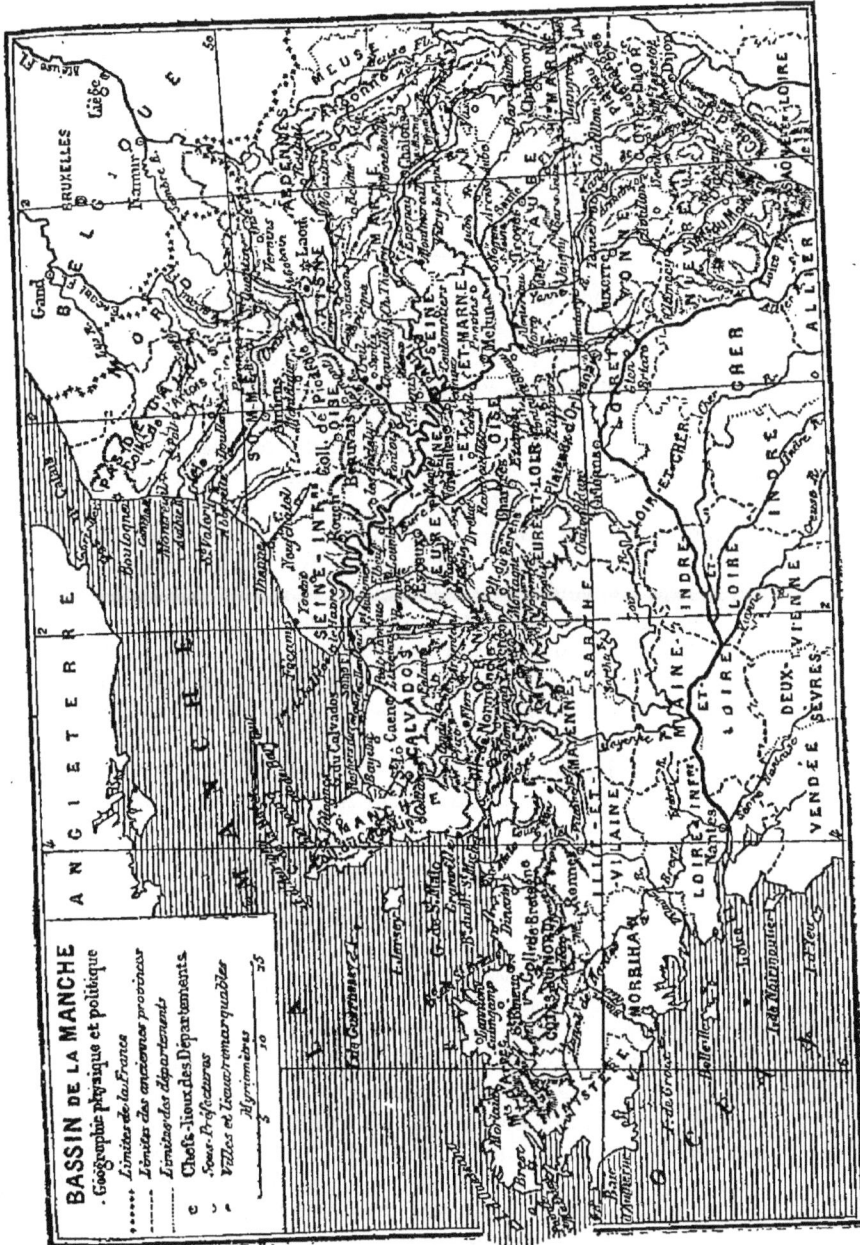

Carte XIII.

partie de quatre autres, la *Bourgogne*, la *Champagne*, l'*Orléanais* et la *Bretagne*.

Il renferme seize départements qui représentent un peu plus du cinquième de la superficie de la France.

Bassin secondaire de la Somme.

PICARDIE.

Cette province n'a formé qu'un département, celui de la **Somme**, arrosé par la rivière dont il porte le nom. A peine sillonné de quelques collines et bordé sur le littoral de la Manche de dunes peu élevées, ce département est une vaste plaine entrecoupée de tourbières et couverte de magnifiques cultures, blés, avoines, lin, chanvre, betteraves, pommes de terre, colza, prairies où paissent de nombreux troupeaux de chevaux, de bœufs et de moutons.

Le chef-lieu est *Amiens* (74,000 hab.), sur la Somme canalisée, l'une des métropoles de la filature de la laine, de l'industrie des velours de coton et de laine, des tissus mélangés, des toiles de chanvre et de lin, des tapis, de la papeterie. Villes principales : *Abbeville*, sur la Somme, avec ses fabriques de draps, *Montdidier*, patrie de Parmentier, le propagateur de la culture de la pomme de terre, et *Péronne*, sur la Somme.

Le petit village de *Crécy*, au nord d'Abbeville, fut témoin d'une de nos plus sanglantes défaites dans la guerre de Cent ans contre les Anglais (1346).

Bassin de la Seine.

CHAMPAGNE.

La Champagne est un plateau crayeux d'une médiocre élévation, qui prolonge les pentes du plateau de Langres et de l'Argonne, et que coupent quatre vallées décrivant des arcs de cercle presque parallèles, celles de l'Aisne, de la Marne, de l'Aube et de la Seine. Le sol maigre et pierreux, sauf dans quelques bassins plus fertiles, se prête mieux à la culture de l'avoine, du seigle et du sainfoin, qu'à celle du froment; mais sur les côteaux de la Marne mûrissent les vignes qui donnent les fameux vins de Champagne; les plateaux nourrissent de nombreux moutons mérinos, dont la laine est mise en œuvre par les filatures et les manufactures de *Reims*; enfin les belles forêts et les gisements de fer de la Haute-Marne ont fait de *Saint-Dizier* et de *Langres* deux centres industriels de premier ordre pour la production du fer et la fabrication de la coutellerie.

La Champagne a formé, dans le bassin de la Seine, trois départements :

1° **Haute-Marne**, chef-lieu *Chaumont*, sur la Marne. Villes principales : *Langres*, place forte, et *Saint-Dizier*, sur la Marne.

2° **Marne**, chef-lieu *Châlons-sur-Marne*. Villes principales : *Epernay*, sur la Marne, et *Reims* (94,000 hab.) avec son antique cathédrale où se faisaient autrefois sacrer les rois de France.

3° **Aube**, chef-lieu *Troyes* (46,000 habitants), sur la Seine, ancienne capitale du comté de Champagne.

BASSE BOURGOGNE.

La partie de la Bourgogne comprise dans le département de la Seine n'a formé qu'un département, celui de l'**Yonne**, couvert de bois et de plateaux rocailleux, plus riche en prairies artificielles qu'en céréales, et dont les principales ressources sont la culture de la vigne (vins de Chablis, de Tonnerre, etc.), et l'exploitation des carrières de pierre dure et de pierres à chaux.

Le chef-lieu est *Auxerre*, sur l'Yonne, les principales villes *Joigny* et *Sens*, sur l'Yonne.

ORLÉANAIS.

La partie de l'Orléanais comprise dans le bassin de la Seine n'a formé qu'un département, celui d'**Eure-et-Loir**, occupé presque tout entier par les vastes plaines de la Beauce, la région des céréales et des prairies artificielles, le grenier de Paris et l'un des centres d'élevage pour le mouton et le cheval.

Le chef-lieu est *Chartres*, sur l'Eure. Villes principales : *Dreux*, *Châteaudun*, près du Loir, illustré par sa défense contre les Prussiens en 1870.

ILE-DE-FRANCE ET PARIS.

L'Ile-de-France est une riche et vaste plaine arrosée par la *Seine*, la *Marne*, l'*Oise*, l'*Aisne* et par un grand nombre de petits cours d'eau qui y tracent de riantes vallées, semée de forêts dont quelques-unes, celles de *Compiègne*, de *Fontaine-*

bleau, de *Rambouillet,* comptent parmi les plus belles de la France, propre aux cultures les plus variées depuis le froment, l'avoine et les prairies artificielles jusqu'à la betterave, à la vigne et aux cultures maraîchères, si développées dans les environs de Paris. L'éducation du mouton, celle du gros bétail et de la volaille apportent leur contingent à la richesse agricole. Le sol, pauvre en gisements métalliques, renferme d'inépuisables carrières de pierres de taille et de pierres meulières (*la Ferté-sous-Jouarre*). Toutes les industries, et surtout les industries de luxe, se sont donné rendez-vous à Paris; mais en dehors de cette immense agglomération parisienne et des usines répandues dans la zone environnante, et qui n'en sont qu'une dépendance, il faut citer encore les manufactures de *Saint-Quentin* qui fabriquent les tissus légers de coton, les usines de *Chauny* (Aisne) pour la préparation des produits chimiques, les glaces de *Saint-Gobain* (Aisne), les dentelles de *Chantilly* dans l'Oise, les tapisseries de *Beauvais,* les faïences fines de *Creil* (Oise), et de *Montereau* (Seine-et-Marne).

L'Ile-de-France, berceau de la monarchie capétienne et de la nationalité française, a formé cinq départements :

1° **Aisne,** patrie de la Fontaine et de Racine (dix-septième siècle), chef-lieu *Laon.* Villes principales : *Château-Thierry,* sur la Marne, *Saint-Quentin* (46,000 hab.), sur la Somme, *Soissons,* sur l'Aisne.

2° **Oise,** chef-lieu *Beauvais.* Villes principales: *Compiègne,* sur l'Oise, *Noyon,* patrie de Calvin, le fondateur du protestantisme en France.

3° **Seine-et-Marne,** chef-lieu *Melun,* sur la Seine. Villes principales : *Fontainebleau* avec son château de la Renaissance, *Meaux,* sur la Marne, et *Montereau,* au confluent de l'Yonne et de la Seine.

4° **Seine-et-Oise,** chef-lieu *Versailles* (48,000 hab.), prtrie du général Hoche, un des héros des guerres de la Révolution, séjour favori de Louis XIV, et théâtre des premières scènes de la Révolution (1789) et des événements de 1870-1871, si graves pour l'avenir de la France. Villes principales : *Corbeil* et *Mantes,* sur la Seine, et *Pontoise,* sur l'Oise.

5° **Seine,** département enveloppé par celui de Seine-et-Oise, chef-lieu *Paris* (2,270,000 hab.). Villes principales : *Saint-Denis* (44,000 hab.), *Boulogne* et *Neuilly* (25,000 hab. chacune), près de la Seine.

Siège des administrations, des grands corps de l'État, de la Banque de France, des établissements de crédit les plus solides, des compagnies de commerce les plus puissantes, situé sur un grand fleuve, la Seine, à quarante lieues de la mer, au centre de nos lignes de chemins de fer, de télégraphie électrique et de toutes nos voies de communication, habité par une population de deux millions d'âmes, foyer d'une industrie dont le chiffre d'affaires s'élève à plus de quatre milliards, ville de luxe et de travail, d'activité et de plaisir, Paris est à la fois la capitale politique, commerciale et industrielle de la France. En même temps, ses monuments, ses musées, ses bibliothèques, ses établissements scientifiques, ses écoles, ses théâtres en font le rendez-vous du monde civilisé, la capitale des arts et de l'intelligence, la tête de la France et de l'Europe.

Le département de la Seine a vu naître les grands ministres Richelieu, Louvois (dix-septième siècle) et Turgot (dix-huitième), les écrivains Boileau, Molière, Regnard (dix-septième siècle), Voltaire (dix-huitième), le chimiste Lavoisier (dix-huitième siècle), les peintres Lesueur (dix-septième siècle), David (dix-huitième et dix-neuvième), Horace Vernet, Delaroche (dix-neuvième), les architectes Mansard et Perrault (dix-septième), le sculpteur Jean Goujon (seizième), les généraux Condé, Eugène de Savoie, Catinat (dix-septième).

Enfin, c'est dans cet étroit espace que se sont déroulés les plus grands événements de notre histoire, et que se sont décidées plus d'une fois les destinées de la France, sur lesquelles Paris a exercé une influence tour à tour bienfaisante ou funeste, mais presque toujours décisive.

Vallée inférieure de la Seine. Bassin secondaire de l'Orne

NORMANDIE (1).

La Normandie, baignée par la Manche, arrosée par la Seine, par ses affluents, l'*Eure* et la *Rille*, et par de nombreux cours d'eau, la *Toucques*, l'*Orne*, la *Vire*, qui la sillonnent de fraîches vallées, est habitée par une race intelligente et vigoureuse, à qui l'on a pu reprocher parfois son astuce et son âpreté au gain, mais qui a fourni à la France quelques-uns de ses plus mâles génies, le poète Corneille, le peintre Nicolas Poussin (dix-septième siècle), les marins Tourville et Duquesne (dix-septième siècle).

(1) La Normandie doit son nom aux Normands ou hommes du Nord qui s'y sont établis au dixième siècle ap. J.-C.

Sur les deux rives de la Seine, les champs sont couverts de riches moissons, les coteaux où la vigne ne mûrit pas, de plantations de pommiers à cidre, de poiriers, de cerisiers; au bord de la mer, les prairies imprégnées d'une saveur saline nourrissent les fameux moutons de prés salés; des bois où dominent le chêne et le hêtre rappellent encore les immenses forêts qui couvraient autrefois toute la Normandie; mais les principales richesses agricoles, ce sont ces prairies naturelles, ces herbages gras et touffus, qui nourrissent les plus beaux bestiaux et les chevaux les plus robustes de France. Aussi riche que l'Ile-de-France en carrières de pierres de taille, la Normandie a de plus ses gisements de fer et les granits du Cotentin. La mer même, avec ses pêcheries, ses rivages bordés de falaises pittoresques ou ses plages unies et sablonneuses, est une source de richesses. Les villes de bains, disséminées sur toute la côte, rivalisent avec les villes d'eaux du centre et du midi; les huîtres, engraissées dans les parcs du littoral (Dieppe, etc.), sont livrées par millions aux chemins de fer, qui les emportent dans la France entière; enfin, le commerce maritime a créé les plus grandes villes de Normandie et la principale industrie normande, celle de la filature et du tissage du coton, dont Rouen est aujourd'hui le centre le plus actif. La plupart des autres industries sont intimement liées à la production agricole : la préparation des fromages et des beurres salés à l'éducation du bétail : la fabrication du drap et des lainages (*Elbœuf*, dans la Seine-Inférieure, *Louviers*, dans l'Eure, *Vire*) à la production de la laine; le tissage des toiles et des coutils (*Bernay*, dans l'Eure, *Lisieux*, dans le Calvados, *Flers*, dans l'Orne) et la fabrication des dentelles (*Alençon*, *Caen* et *Bayeux*, dans le Calvados), à la culture du lin.

La Normandie conquise sur les rois d'Angleterre par Philippe-Auguste, a formé cinq départements :

1° **Seine-Inférieure**, chef-lieu *Rouen*, sur la Seine (106,000 hab.), ancienne capitale de la Normandie. Villes principales : *Dieppe*, port sur la Manche, et *le Havre* (106,000 hab.), à l'embouchure de la Seine, notre second port de commerce.

2° **Eure**, chef-lieu *Évreux*, sur l'Iton, affluent de l'Eure. Ville principale : *Louviers*, sur l'Eure.

3° **Calvados**, chef-lieu *Caen* (41,000 hab.), sur l'Orne. Villes principales : *Bayeux*, *Falaise* et *Vire*, sur la Vire.

4° **Orne**, chef-lieu *Alençon*, sur la Sarthe.

5° **Manche**, chef-lieu *Saint-Lô*, sur la Vire. Ville principale : *Cherbourg* (36,000 hab.), port de guerre sur la Manche.

Bassins côtiers de Bretagne.

BRETAGNE.

Le littoral septentrional de la Bretagne, arrosé par un grand nombre de petits cours d'eau qui se jettent dans la Manche, a formé un seul département compris presque tout entier dans le bassin de la Manche, celui des **Côtes-du-Nord**, région peu fertile où la pêche, l'éducation du cheval, du porc et du gros bétail, la culture du sarrasin, de l'avoine, des légumes et du lin, suffisent cependant aux besoins d'une population rude et habituée aux privations.

Le chef-lieu est *Saint-Brieuc*, sur une large baie qui porte son nom ; la principale ville est *Dinan*, sur la Rance.

CHAPITRE V

BASSIN DE L'ATLANTIQUE. (MER DE FRANCE.)

Divisions anciennes. — Le bassin de la Loire et les bassins côtiers comprennent le territoire entier de dix de nos anciens gouvernements de provinces : la *Marche*, le *Bourbonnais*, le *Berry*, la *Touraine*, le *Maine*, l'*Anjou*, le *Saumurois*, le *Poitou*, l'*Angoumois*, la *Saintonge* et l'*Aunis*, et une partie plus ou moins considérable de sept autres : le *Languedoc*, l'*Auvergne*, le *Lyonnais*, le *Nivernais*, l'*Orléanais*, la *Bretagne* et le *Limousin*.

Départements. — Il renferme vingt-quatre départements, qui représentent près d'un tiers de la superficie de la France.

Vallée supérieure de la Loire.

LANGUEDOC (VELAY).

En sortant du département de l'Ardèche, la Loire qui n'est encore qu'un torrent, entre dans celui de la **Haute-Loire**, qui appartenait à l'ancien gouvernement de Lan-

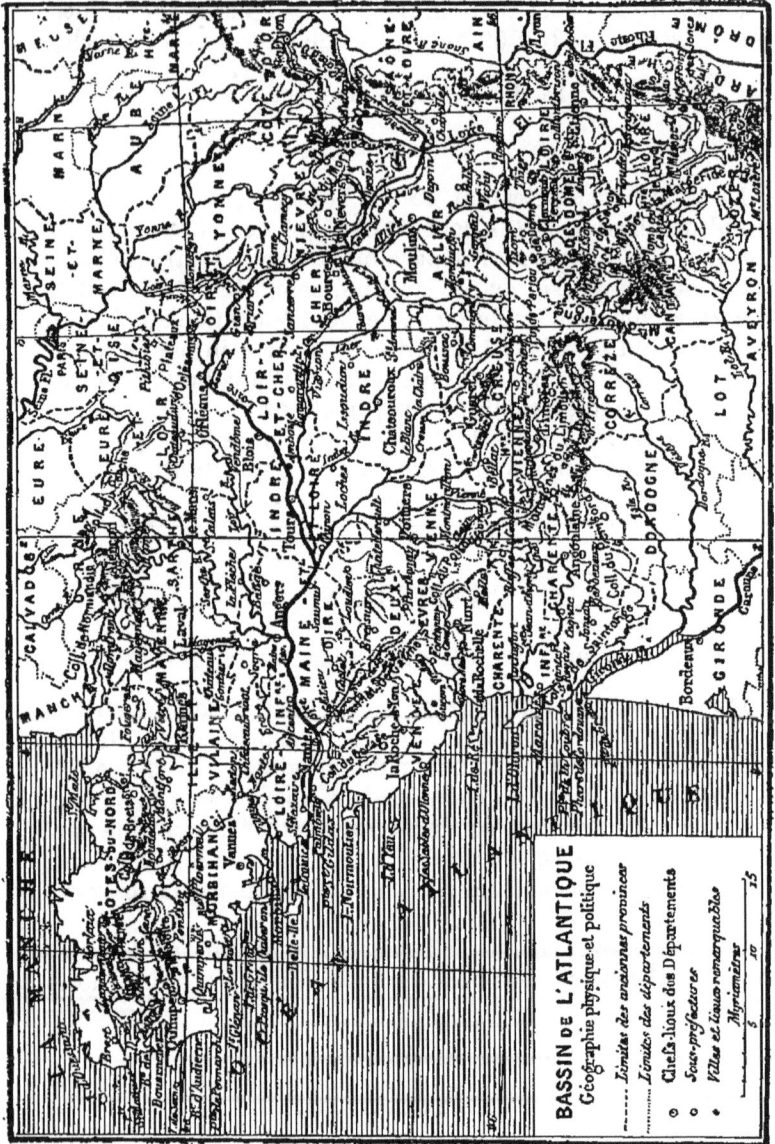

BASSIN DE L'ATLANTIQUE
Géographie physique et politique

--- Limites des anciennes provinces

······ Limites des Départements

⊙ Chefs-lieux des Départements

○ Sous-préfectures

• Villes et lieux remarquables

Myriamètre

5   10   15

Carte XIV

guedoc et formait la province de Vélay. Ce département se
compose de deux vallées; celle de la *Loire,* dominée par les
pentes abruptes et dénudées des *Cévennes,* avec leurs pâturages, leurs champs de seigle et de pommes de terre, et celle
de l'*Allier,* enfermée entre la chaîne volcanique des *monts du
Vélay* et celle des *monts de la Margeride,* avec leurs forêts de
châtaigniers et de sapins.

Le chef-lieu est *le Puy,* centre d'un important commerce
de dentelles, bâti non loin de la Loire, au milieu d'un chaos
de montagnes volcaniques, de coulées de laves et de rochers
basaltiques (1).

LYONNAIS (FOREZ).

Le département de la **Loire** (ancien Forez, compris dans
le gouvernement du Lyonnais) où le fleuve, toujours resserré
entre les Cévennes et les montagnes boisées du Forez, devient navigable, n'a, comme le précédent, d'autres ressources agricoles que la culture des pommes de terre et du seigle,
quelques vignobles, des forêts de châtaigniers et des pâturages où paissent des bestiaux et des moutons de race médiocre; mais les richesses minérales compensent la pauvreté
du sol : de magnifiques houillères (*Rive-de-Gier, Firminy,
Saint-Chamond*) en ont fait un des centres les plus actifs de
notre industrie métallurgique.

Le chef-lieu est *Saint-Etienne* (124,000 habitants) sur le
Furens, affluent de la Loire (rive droite), l'une des métropoles de l'industrie française, avec ses fabriques de rubans,
ses manufactures d'armes, de quincaillerie, de serrurerie,
ses verreries, etc. Ville principale : *Roanne* sur la Loire.

BOURBONNAIS (2).

En sortant du département de la Loire, le fleuve arrose
le département de *Saône-et-Loire,* que nous avons déjà décrit, et le sépare de celui de l'*Allier,* formé par l'ancienne
province du Bourbonnais, réunie au domaine royal sous
François Ier, par confiscation sur le connétable de Bourbon
qui avait passé dans les rangs de l'ennemi.

(1) Le basalte est une roche volcanique qui affecte souvent la forme
de colonnes à pans régulièrement coupés.
(2) De *Aquæ Borboniæ,* ancien nom de Bourbon-l'Archambault.

Les derniers contreforts des monts d'Auvergne et du Forez divisent ce département en trois larges vallées ouvertes du sud au nord, celle de la *Loire*, celle de l'*Allier* et celle du *Cher*. De belles prairies qui nourrissent un grand nombre de bœufs, des plaines fertiles, des vignobles assez productifs mais médiocres, telles sont les richesses agricoles de cette région où les terres incultes occupent encore beaucoup trop de place; mais les mines de houille (*Commentry*) y ont développé l'industrie des fers, celle de la verrerie et des glaces (*Montluçon*), et les sources minérales de *Vichy*, de *Néris*, de *Bourbon-l'Archambault*, comptent parmi les plus célèbres de France.

Le chef-lieu est *Moulins*, ancienne capitale du Bourbonnais, sur l'Allier. Ville principale : *Montluçon*, sur le Cher.

Vallée moyenne de la Loire.

NIVERNAIS (1).

Le **Nivernais**, séparé du Bourbonnais par la Loire, n'a formé qu'un département, celui de la **Nièvre**, divisé en

Fig. XXV. — Sanglier.

deux régions par les montagnes qui le traversent; celle du

(1) De *Nevirnum*, ancien nom de Nevers.

nord, le *Morvan*, où coulent l'Yonne et ses affluents, est froide, sauvage, couverte de pâturages, de rochers et de forêts où errent encore des troupes de loups et de sangliers et où pullulent les reptiles; celle du sud, moins accidentée, cultive la vigne et le froment, nourrit de magnifiques bestiaux, et possède des sources minérales, des carrières de pierres de taille, des mines de houille et de fer qui ont développé à *Fourchambault*, à *Nevers*, à *Decize*, la fabrication du fer et de l'acier.

Le chef-lieu est *Nevers*, au confluent de la Loire et de la Nièvre.

BERRY (1).

Le **Berry**, séparé du Nivernais par la Loire, et arrosé par le Cher, l'Indre et la Creuse, est une région assez accidentée, semée de bouquets de bois et de vignobles, couverte de champs de blé, d'avoine et de pommes de terre, mais surtout de belles prairies, que séparent des rangées de peupliers, et où paissent de nombreux troupeaux de chevaux et de moutons. A l'ouest du Berry, entre la vallée de la Creuse et celle de l'Indre, s'étend un plateau peu élevé, semé d'étangs et de marécages, au sol imperméable, au climat humide et insalubre; c'est la Brenne, le pays des brouillards et des fièvres. La production de la laine, l'exploitation des gisements de fer et des bois, ont créé à *Châteauroux* des fabriques de draps, dans les environs de *Bourges* des forges et des fonderies, à *Vierzon* des manufactures de porcelaines et des verreries.

Le Berry acheté par le roi Philippe Ier a formé deux départements :

1° **Cher**, chef-lieu *Bourges* (40,000 hab.), l'ancienne capitale de la province.

2° **Indre**, chef-lieu *Châteauroux* sur l'Indre.

ORLÉANAIS.

La partie de l'**Orléanais** qui appartient au bassin de la Loire se divise en deux régions séparées par le fleuve, au nord un plateau tantôt boisé, tantôt couvert de champs de blé et d'avoine, et dont la pente occidentale est arrosée par le *Loir*; au sud une plaine dont la lisière septentrionale est occupée

(1) Ce nom dérive de celui d'un ancien peuple de la Gaule, les *Bituriges*.

7.

sur les bords de la Loire par des vignobles, des cultures maraîchères, des prairies, des forêts, mais qui, à mesure qu'on s'éloigne vers le sud, change d'aspect, se couvre d'étangs, de bois de pins et de chênes, de landes et de bruyères où paissent des troupeaux de moutons ; c'est la Sologne, pays de fièvres et de marais comme la Brenne, dont le sol sablonneux et stérile se régénère lentement par les semis de pins, le drainage (1) et le dessèchement des étangs.

L'Orléanais qui faisait partie du domaine primitif des Capétiens a formé trois départements :

1° **Eure-et-Loir** (bassin de la Seine).

2° **Loiret**, chef-lieu *Orléans* (57,000 hab.), sur la Loire où vivent encore les souvenirs de Jeanne Darc. Ville principale : *Montargis*, sur le Loing.

3° **Loir-et-Cher**, chef-lieu *Blois* sur la Loire. Ville principale : *Vendôme* sur le Loir.

TOURAINE (2).

La **Touraine**, conquise par Philippe-Auguste et qui a formé le département d'**Indre-et-Loire**, est traversée par la *Loire*, et arrosée au sud par le *Cher*, l'*Indre* et la *Vienne*. L'aspect de la riche vallée de la Loire avec ses prairies, ses vignobles (*Vouvray*) ses champs de blé, ses arbres fruitiers, contraste avec le caractère monotone du reste du département, où la seule grande culture est celle du chanvre, et dont une partie est couverte de bois et de landes incultes.

Le chef-lieu est *Tours* (52,000 habitants), entre le Cher et la Loire. Villes principales : *Chinon*, sur la Vienne, *Amboise* sur la Loire, avec son château.

Vallée inférieure de la Loire.

ANJOU (3) ET SAUMUROIS.

L'**Anjou**, qui a formé le département de **Maine-et-Loire**, est comme la Touraine divisé par la Loire en deux parties : l'une, sur la rive gauche du fleuve, est couverte de

(1) L'opération du drainage consiste à creuser dans les terrains humides des rigoles où on pose des tuyaux nommés drains et servant à faciliter l'écoulement des eaux.
(2) Ce nom dérive de celui d'un peuple de l'ancienne Gaule (*Turones*).
(3) Du nom des *Andegavi*, ancien peuple gaulois.

prairies qui nourrissent de nombreux et magnifiques bestiaux, ou de champs de blé que bordent des haies de grands arbres et qu'ombragent des plantations de pommiers; l'autre, sur la rive droite, arrosée par la *Mayenne,* la *Sarthe* et le *Loir,* qui se réunissent pour former la *Maine,* est sillonnée par d'innombrables vallons, riche en céréales, en pommes de terre, en prairies artificielles, en herbages, où paissent des chevaux de races percheronne, en pépinières qui font des environs d'Angers un vaste jardin, en plantations de chanvre et de lin, qui ont donné naissance aux filatures et aux corderies d'Angers, aux fabriques de toiles de *Cholet.* A ces richesses agricoles, il faut joindre les ardoisières d'Angers, des gisements de fer et des mines de charbon de terre.

L'Anjou a été définitivement réuni au domaine royal sous Louis XI par héritage.

Le chef-lieu est *Angers* (68,000 habitants), sur la Maine, ancienne capitale de l'Anjou. Villes principales: *Cholet,* et *Saumur* sur la rive gauche de la Loire.

MAINE (1).

L'aspect du Maine, arrosé par la *Sarthe,* la *Mayenne* et le *Loir,* rappelle celui de l'Anjou; mêmes cultures, sauf la vigne, que remplacent les pommiers à cidre, mêmes races de bestiaux et de chevaux; mêmes exploitations minérales, même industrie (fabrication des toiles et des coutils). Le Maine définitivement réuni au domaine royal sous Louis XI, a formé deux départements : 1° **Sarthe.** Chef-lieu *le Mans,* (55,000 hab.), sur la Sarthe, ancienne capitale du Maine, centre important pour le commerce des toiles et des volailles.

2° **Mayenne,** chef-lieu : *Laval* (30,000 hab.), sur la Mayenne.

Vallée inférieure de la Loire. — Bassin de la Vilaine.

BRETAGNE (2).

L'ancienne **Bretagne** se divisait en trois régions : le Nantais, la haute et la basse Bretagne.

La vallée inférieure de la Loire (Nantais) n'a jamais été

(1) Du nom des *Cenomani,* ancien peuple gaulois.
(2) La Bretagne, appelée autrefois Armorique, doit son nom aux nombreux réfugiés de la Grande-Bretagne qui sont venus s'y établir au cinquième siècle après J.-C.

qu'à demi bretonne. Sur le littoral, des plages sablonneuses et des marais salants; sur les bords du fleuve, semé de grandes îles verdoyantes, des coteaux granitiques chargés de vignes et de pommiers, interrompus çà et là par des prairies marécageuses; au sud de la Loire, des étangs, des plaines humides arrosées par la Sèvre nantaise, coupées de haies qui entourent des champs de blé, de pommes de terre ou de lin; au nord, des tourbières, des marais desséchés, des prairies où paissent de nombreux bestiaux, des bruyères et des landes dominées par quelques collines boisées. L'exploitation des gisements de houille, et surtout la pêche et le commerce maritime ont développé dans cette région dont Nantes est le centre, l'industrie des constructions navales, la fabrication des machines à vapeur, celle du savon, la raffinerie du sucre, la préparation des conserves alimentaires et en particulier de la sardine.

La haute Bretagne (Côtes-du-Nord et Ille-et-Vilaine), malgré les progrès de la culture du froment, du lin, du chanvre, des légumes verts, rappelle encore l'aspect de la vieille Bretagne avec ses côtes hérissées de rochers, ses collines granitiques, ses forêts de chênes et de châtaigniers, ses champs bordés de haies, ses landes incultes où paissent de petits chevaux à demi sauvages, et des bestiaux à la charpente osseuse dont le lait et le beurre sont à peu près les seuls produits.

Mais c'est surtout dans la basse Bretagne (Morbihan et Finistère), au milieu des bruyères, des landes arides et pierreuses, des rochers battus par une mer toujours agitée, des îles enveloppées de brouillard, que semble s'être réfugié le rude et opiniâtre génie de cette race bretonne qui parle encore la langue et qui a conservé les traditions des Gaulois, nos ancêtres. Dans les campagnes, pas d'autre culture que celle du seigle, de l'avoine, du sarrasin et du chanvre; dans les pâturages qui couvrent la moitié du sol, errent de maigres troupeaux de bœufs et de moutons noirs; dans les villages, dans la plupart des villes, pas d'autre industrie que la fabrication de la toile, les saleries de beurre et quelques tanneries. Des carrières de granit, des ardoisières, des mines de plomb et de riches pêcheries (sardines, huîtres, harengs) ne compensent qu'à demi la pauvreté du sol.

La Bretagne réunie au domaine royal sous François Ier par mariage et héritage a formé cinq départements :

1° **Côtes-du-Nord.** (Voir bassin de la Manche.)

2° **Loire-Inférieure,** chef-lieu *Nantes*, sur la Loire (124,000 habitants), un de nos ports les plus actifs. Ville principale : *Saint-Nazaire*, port à l'embouchure de la Loire.

3° **Morbihan**, chef-lieu *Vannes*. Ville principale: *Lorient* ; port militaire (38,000 habitants).

4° **Finistère,** chef-lieu *Quimper*. Villes principales : *Brest* (66,000 habitants), port militaire sur l'Atlantique, et *Morlaix*, port sur la Manche.

5° **L'Ille-et-Vilaine,** chef-lieu *Rennes* (64,000 habitants), au confluent de l'Ille et de la Vilaine, ancienne capitale de la Bretagne. Ville principale *Saint-Malo,* port sur la Manche, à l'embouchure de la Rance.

Bassins de la Loire, de la Sèvre et de la Charente.

POITOU (1).

Arrosé par la *Vienne* et la *Sèvre nantaise,* qui appartiennent au bassin de la Loire, par la *Sèvre niortaise* et son affluent la *Vendée,* et par la *Charente,* le **Poitou** est un pays accidenté sans être montagneux, coupé de haies d'arbres qui lui donnent, surtout dans les vallons du Bocage, l'aspect d'une vaste forêt, plat et sablonneux sur le littoral que bordent des marais salants, médiocrement cultivé, bien que la production du froment, du chanvre, de la pomme de terre, de la vigne y soit en progrès, mais riche surtout en prairies naturelles qui nourrissent des bœufs et des moutons de bonne race, des chèvres, d'excellents chevaux et les plus beaux mulets de France (*Parthenay* et *Melle*). La Vendée et le Poitou n'ont d'autres centres industriels que *Châtellerault,* avec ses manufactures d'armes et de coutellerie, et *Niort* avec ses fabriques de ganterie.

Le Poitou enlevé aux rois d'Angleterre par Philippe-Auguste, a formé trois départements :

1° **Vendée,** chef-lieu *la Roche-sur-Yon,* qui a porté tour à tour le nom de Bourbon-Vendée et de Napoléon-Vendée.

2° **Deux-Sèvres,** chef-lieu *Niort,* sur la Sèvre niortaise.

(1) Ce nom a pour origine celui d'un ancien peuple gaulois, les *Pictavi*.

3° **Vienne**, chef-lieu *Poitiers* (36,000 hab.), sur le Clain affluent de la Vienne, ancienne capitale du Poitou. Ville principale : *Châtellerault*, sur la Vienne.

ANGOUMOIS (1).

Arrosé par la *Charente* et par la *Vienne*, traversé à l'est par les *monts du Limousin,* au sud par les collines du *Périgord*, que couvrent des forêts de chênes et de châtaigniers, l'**Angoumois**, a formé le département de la **Charente**, où les cultures industrielles sont peu développées, mais qui possède en revanche de belles prairies et des vignobles dont les produits consacrés à la fabrication de l'eau-de-vie (*Cognac*), font sa principale richesse.

Le chef-lieu est *Angoulême* (32,500 hab.) sur la Charente, renommé pour ses papeteries. Ville principale : *Cognac,* sur la Charente.

SAINTONGE (2) ET AUNIS.

La vallée inférieure de la Charente est une vaste plaine sillonnée de quelques coteaux, limitée au nord par la *Sèvre,* qui la sépare de la Vendée, au sud par la *Gironde* que longent les collines de *Saintonge*. Les marais salants et les bancs d'huîtres du littoral, les prairies qui occupent l'emplacement de marécages desséchés, et surtout les vignes ravagées aujourd'hui par le phylloxéra, sont les principales ressources du département de la **Charente-Inférieure**, formé des anciennes provinces d'**Aunis**, et de **Saintonge**, définitivement conquises sous Charles V.

Les îles de *Ré,* d'*Aix* et d'*Oléron* en dépendent.

Le chef-lieu est *la Rochelle*, ancienne capitale de l'Aunis, port sur l'Atlantique. Villes principales : *Rochefort* (28,000 hab.), sur la Charente, port de guerre et de commerce, et l'un de nos premiers chantiers de construction ; *Saintes*, sur la Charente, ancienne capitale de la Saintonge.

Massif central.

La partie septentrionale du massif central qui appartient

(1) D'*Inculisma*, ancien nom d'Angoulême. L'Angoumois a été définitivement réuni au domaine royal à l'avènement de François Ier, dont cette province formait l'apanage.

(2) Des *Santones*, ancien peuple gaulois.

au bassin de la Loire correspondait aux trois anciens gouvernements de Marche, de Limousin et d'Auvergne.

MARCHE (1).

La **Marche** a formé le département de la **Creuse**, sillonné par les rameaux des *monts d'Auvergne* et de la *Marche*, et arrosé par le *Cher* et la *Creuse*, affluent de la Vienne, qui y prennent leur source. C'est un pays de prairies et de pâturages, au sol maigre et sablonneux, au climat froid et humide, où la vigne ne mûrit pas, et où le seigle, le blé noir, les châtaignes et la pomme de terre remplacent le froment. La houille (*Ahun*) et l'étain sont l'objet d'exploitations assez actives. La Marche fut confisquée par François Ier en même temps que le Bourbonnais. Le chef-lieu est *Guéret*, ancienne capitale de la province. Ville principale : *Aubusson*, sur la Creuse, célèbre par ses manufactures de tapis.

LIMOUSIN (2).

La partie du **Limousin**, comprise dans le bassin de la Loire a formé le département de la **Haute-Vienne**, région humide, couverte par les ramifications des *monts du Limousin* et des *monts de la Marche*, et arrosée par la *Vienne* et par d'innombrables ruisseaux. Les pâturages, les prairies naturelles, les châtaigniers, qui suppléent à la production insuffisante des céréales, couvrent plus de la moitié du département; mais l'éducation du mouton et du porc, l'exploitation des richesses minérales, minerais de fer, terre à porcelaine de Saint-Yrieix, etc., la puissante industrie de Limoges avec ses manufactures de porcelaine, ses fabriques de flanelles et autres lainages, rachètent l'infériorité de l'agriculture.

Le chef-lieu est *Limoges*, sur la Vienne (64,000 habitants), ancienne capitale du Limousin.

AUVERGNE (3).

La partie de l'**Auvergne** qui appartient au bassin de la

(1) *Marche* signifiait frontière. Cette province formait autrefois la frontière entre la France du midi et la France du nord.

(2) De *Lemovices*, nom d'un ancien peuple gaulois. Le Limousin a été conquis par Charles V sur les Anglais.

(3) D'*Arvernes*, nom d'un ancien peuple gaulois.

Loire a formé un seul département, celui du **Puy-de-Dôme.**

Quand du haut de la montagne qui a donné son nom au département, on jette les yeux sur l'immense horizon qui embrasse presque toute l'ancienne Auvergne, on voit se prolonger au nord et au sud un plateau aride dominé par une chaîne de volcans avec leurs cônes dépouillés, et leurs lacs qui dorment au fond des cratères encore béants. C'est la chaîne des *Dômes,* qui se rattache sur les limites du Cantal au massif du mont *Dore,* le plus élevé du plateau central. A l'ouest s'étend une longue pente qui se relie au plateau de la Creuse, et que couvrent des champs de seigle, de pommes de terre, et des pâturages où paissent d'innombrables moutons.

A l'est enfin s'ouvre un large bassin dominé à l'horizon par les montagnes du *Forez* et arrosé par l'*Allier.* C'est la plaine de la Limagne avec ses moissons, ses vignes, ses plantations de chanvre, ses champs de betteraves, ses arbres fruitiers, ses cultures maraîchères et sa fertilité sans égale.

Les forêts de sapins et de châtaigniers, l'éducation du bétail, l'exploitation des mines de plomb argentifère (*Pontgibaud*), des laves de *Volvic,* de la pierre à chaux, des sources minérales (*Mont-Dore, Royat*), ajoutent de nouvelles ressources à celles de l'agriculture.

Le chef-lieu est *Clermont-Ferrand* (43,000 hab.), au pied du Puy-de-Dôme, ancienne capitale de l'Auvergne, patrie d'un de nos plus grands écrivains et de nos plus illustres savants, Pascal (dix-septième siècle). Ville principale : *Thiers,* la première fabrique de coutellerie française.

CHAPITRE VI

BASSIN DU GOLFE DE GASGOGNE.

Divisions anciennes et contemporaines. —
Le bassin du golfe de Gascogne qui correspond à la région du sud-ouest et du midi, comprend le territoire entier de trois de nos anciens gouvernements de provinces, la

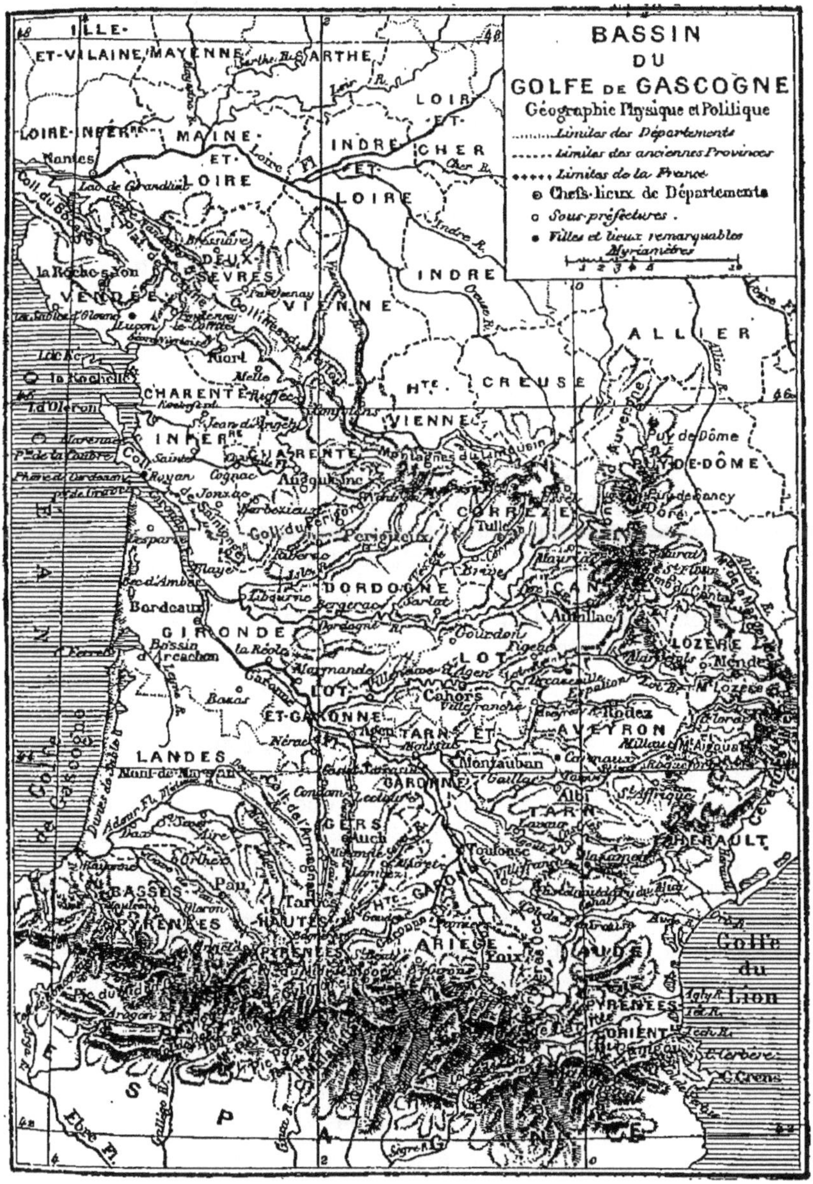
BASSIN
DU
GOLFE DE GASCOGNE
Géographie Physique et Politique
Limites des Départements
Limites des anciennes Provinces
Limites de la France
Chefs-lieux de Départements
Sous-préfectures .
Villes et lieux remarquables
Myriamètres
ILLE-ET-VILAINE
MAYENNE
SARTHE
LOIRE-INFÉRRE
MAINE-ET-LOIRE
LOIR-ET-CHER
INDRE-ET-LOIRE
INDRE
VENDÉE
DEUX-SÈVRES
VIENNE
ALLIER
CHARENTE-INFÉRRE
CHARENTE
HTE. CREUSE
HTE. VIENNE
PUY-DE-DÔME
CORRÈZE
DORDOGNE
CANTAL
GIRONDE
LOT
LOZÈRE
LOT-ET-GARONNE
TARN-ET-GARONNE
AVEYRON
LANDES
GERS
TARN
HÉRAULT
BASSES-PYRÉNÉES
HAUTES-PYRÉNÉES
HTE-GARONNE
ARIÈGE
AUDE
PYRÉNÉES-ORIENTALES
Nantes
la Roche-s-Yon
Niort
Bordeaux
Bassin d'Arcachon
Angoulême
Périgueux
Tulle
Aurillac
Mende
Rodez
Cahors
Montauban
Agen
Auch
Toulouse
Albi
Pau
Tarbes
Foix
Golfe du Lion
Golfe de Gascogne
E S P A G N E

Carte XV.

Guienne et la *Gascogne*, le *Béarn* et le *comté de Foix*, et une partie de trois autres, le *Limousin*, l'*Auvergne* et le *Languedoc*.

Il renferme seize départements qui représentent près du quart de la superficie de la France.

Massif central.

LIMOUSIN.

Le versant méridional du massif central qui appartient au bassin de la Garonne correspond à une partie des anciens gouvernements de Limousin et d'Auvergne.

La partie du **Limousin** comprise dans le bassin de la Garonne a formé le département de la **Corrèze**.

Ce département arrosé par la *Dordogne*, la *Vézère* et la *Corrèze*, est dominé au nord par les monts du *Limousin*, dont les pentes couvertes de forêts de châtaigniers et de pâturages, s'abaissent par degrés jusqu'à la vallée de la Dordogne, où le terrain plus fertile et le climat plus doux se prêtent à la culture de la vigne et des céréales. On y exploite de riches ardoisières.

Le chef-lieu est *Tulle*, sur la Corrèze. Ville principale : *Brive* sur la Corrèze.

AUVERGNE.

La partie méridionale de l'**Auvergne** comprise dans le bassin de la Garonne a formé le département du **Cantal**, vaste massif de montagnes volcaniques, dont les cimes, le *Plomb du Cantal* et le *Puy-Violan*, sont couvertes de neiges pendant six mois de l'année, et dont les pentes, creusées par les torrents, ne portent que des forêts de châtaigniers, de maigres champs de seigle, des pâturages et des prairies où paissent des bœufs et des moutons. Ces troupeaux sont la principale ressource d'un pays où la population, emportée par le courant de l'émigration, diminue graduellement depuis près d'un siècle.

Le chef-lieu est *Aurillac*. Ville principale : *Saint-Flour*.

Vallée de la Garonne.

HAUT LANGUEDOC ET COMTÉ DE FOIX.

Le **haut Languedoc**, c'est-à-dire la partie de l'ancien

gouvernement de Languedoc située au nord des Cévennes méridionales n'appartient pas tout entier au bassin de la Garonne. L'ancienne province du *Vélay* (Haute-Loire) est comprise dans le bassin de la Loire, celle du *Vivarais* (Ardèche) dans le bassin du Rhône, celle du *Gévaudan* qui correspond au département de la Lozère, possède les sources du Gard, de l'Allier, du Lot et du Tarn; celles de l'*Albigeois* (département du Tarn) et du *Toulousain* (Haute-Garonne) sont les seules qui soient entièrement renfermées dans le bassin de la Garonne.

Le Gévaudan est un pays de montagnes, dominé par les crêtes des Cévennes, des monts de la Lozère et des monts de la Margeride, creusé d'é-troites vallées, couvert de forêts de sapins où abondent encore les loups, de pâturages arides, de causses où broutent des troupeaux de bœufs et de moutons, seule richesse agricole d'une contrée ensevelie sous la neige pendant cinq mois de l'année. L'Albigeois est plus fertile bien que sillonné par les rameaux des Cévennes méridionales : le froment, le maïs, la pomme de terre, la vi-

Fig. XXVI. — Maïs (la long. de la tige est de 0 m. 60 à 2 m.; celle de l'épi de 0 m. 10 à 0 m. 20.)

gne, le mûrier, les arbres fruitiers y réussissent, le porc et le mouton y prospèrent et la production de la laine y a développé la fabrication des draps et des flanelles (*Castres*), tandis que l'exploitation de la houille y favorisait en même temps l'industrie du fer. Quant au Toulousain qui comprend la vallée supérieure de la Garonne, c'est le pays des contrastes; au sud, les cimes neigeuses des Pyrénées, les pâturages, les forêts d'ifs et de sapins, les torrents, les précipices, domaine de l'ours et du chamois; au nord de belles plaines couvertes

de vignobles, de prairies, de champs de blé et de lin. Les
carrières de marbre et les sources minérales (*Bagnères de
Luchon*) sont nombreuses dans les Pyrénées.

Le **comté de Foix**, sillonné par les rameaux des Pyrénées et des Corbières, et arrosé par l'*Ariége* est un pays sauvage et boisé dans la région de la montagne, mais fertile et
bien cultivé dans la vallée inférieure de l'Ariége. D'abondantes mines de fer y ont développé l'industrie métallurgique.

Le haut Languedoc réuni au domaine royal sous Philippe III, par héritage, a formé, dans le bassin de la Garonne,
trois départements :

1° La **Lozère** (*Gévaudan*), chef-lieu *Mende* sur le Lot.

2° Le **Tarn** (*Albigeois*), chef-lieu *Albi* sur le Tarn. Ville
principale : *Castres* (27,000 hab.) sur l'Agout.

3° La **Haute-Garonne** (*Toulousain*), chef-lieu *Toulouse*
(140,000 habitants) sur la Garonne, ancienne capitale du
Languedoc.

Le comté de Foix réuni au domaine royal à l'avénement
d'Henri IV a formé un département : l'**Ariége**, chef-lieu
Foix sur l'Ariége.

GUIENNE ET GASCOGNE.

Sous le nom de **Guienne**(1) et de **Gascogne**(2), on
désigne une vaste contrée composée de plusieurs régions
aussi différentes d'aspect que de productions et même de
traditions historiques.

Située presque tout entière sur la rive droite de la Garonne, arrosée par la *Dordogne*, le *Lot*, le *Tarn* et l'*Aveyron*,
la **Guienne** renfermait le *Bordelais*, avec ses prairies, ses
dunes couronnées de pins et baignées par l'Atlantique, et ses
admirables vignobles du Médoc et des pays de Graves ;
l'*Agénois* sur les deux rives de la Garonne, belle vallée
couverte de vignes, de moissons, de plantations de tabac et
d'arbres fruitiers, et dominée au nord et au sud par des plateaux stériles ; le *Périgord*, pays accidenté, arrosé par la
Dordogne, l'*Isle* et la *Vézère*, l'une des régions où croissent

---

(1) Le nom de Guienne est probablement une corruption de celui
d'Aquitaine.

(2) Le nom de Gascogne dérive de celui des *Vascons* ou *Basques* que
portaient autrefois les habitants de ce pays.

avec le plus d'abondance le noyer et le châtaignier, où l'on élève le plus de porcs et où l'on récolte les meilleures truffes ; le *Quercy*, avec ses plateaux arides où paissent de nombreux moutons, ses vallées fertiles et ses mines de houille et de fer ; le *Rouergue*, plateau rocailleux, avec ses riches houillères, ses bruyères stériles, ses troupeaux de moutons et ses champs de pommes de terre. Plutôt agricole qu'industrielle, cette région doit à ses troupeaux les fameux fromages de *Roquefort* (Aveyron) quelques tanneries et quelques mégisseries ; à ses mines, des établissements métallurgiques ; mais le seul grand centre manufacturier est Bordeaux, dont presque toutes les industries, raffineries de sucre, cordonnerie, produits chimiques, constructions navales, ont été créées par le commerce maritime.

La **Gascogne**, arrosée par l'*Adour*, par le *Gers*, par la *Baïse*, comprend trois régions distinctes : le littoral (*Landes*), marécageux, sablonneux, couvert aujourd'hui de vastes forêts de pins, dont le bois et la résine constituent avec l'éducation du cheval et du mouton la principale richesse d'une contrée jadis presque déserte et désolée par les fièvres ; les vallées de la Baïse et du Gers, riches en maïs, en froment, en vignobles dont les produits servent à fabriquer les eaux-de-vie de l'Armagnac, en prairies naturelles qui nourrissent un grand nombre de bœufs, de chevaux et de moutons ; et le pays de la montagne (*Bigorre*), sillonné par les rameaux des Pyrénées occidentales, raviné par les torrents, hérissé de rochers au milieu desquels se cache l'ours des Pyrénées ; mais l'exploitation du marbre et de l'ardoise, celle des sources minérales (*Bagnères-de-Bigorre, Cauterets, Baréges*), l'éducation du mouton, du cheval, du mulet, compensent l'infériorité des ressources agricoles.

La Guienne conquise par Charles VII sur les rois d'Angleterre en 1453, a formé six départements :

1° Le **Tarn-et-Garonne**, chef-lieu *Montauban*, (28,000 hab.), sur le Tarn.

2° Le **Lot-et-Garonne** (*Agénois*), chef-lieu *Agen* sur la Garonne. Villes principales : *Marmande* sur la Garonne, *Nérac* sur la Baïse.

3° La **Gironde**, chef-lieu *Bordeaux* sur la Garonne (221,000 habitants), une des plus belles villes de France, notre troisième port de commerce et le grand marché des vins. Villes principales : *Blaye*, sur la Gironde, *la Réole* sur la Garonne, et *Libourne* sur la Dordogne.

4° La **Dordogne** (*Périgord*), chef-lieu *Périgueux* (26,000 hab.), sur l'Isle. Ville principale : *Bergerac*, sur la Dordogne.

5° Le **Lot** (*Quercy*), chef-lieu *Cahors* sur le Lot.

6° L'**Aveyron** (*Rouergue*), chef-lieu *Rodez* sur l'Aveyron.

La Gascogne a formé trois départements :

1° Le **Gers**, chef-lieu *Auch* sur le Gers.

2° Les **Hautes-Pyrénées**, chef-lieu *Tarbes* sur l'Adour. Ville principale : *Bagnères-de-Bigorre* sur l'Adour.

3° Les **Landes**, chef-lieu *Mont-de-Marsan* sur la Midouze. Ville principale : *Dax* sur l'Adour.

BÉARN (1).

L'ancien gouvernement de Béarn réuni au domaine royal à l'avènement de Henri IV, a formé un département, celui des **Basses-Pyrénées**, baigné à l'ouest par le golfe de Gascogne, limité au nord par l'*Adour*, arrosé par le *gave de Pau* et ses affluents, et séparé de l'Espagne par les Pyrénées occidentales et par le torrent de la *Bidassoa*. C'est un pays de montagnes, de forêts, de pâturages et de prairies, riche en moutons, en bestiaux, en chevaux, en porcs et en volailles, bien cultivé dans les parties basses, où réussissent le maïs, les légumes, la vigne et le lin. On y exploite le sel gemme, le fer, le marbre et de nombreuses sources minérales (Eaux-Bonnes, Eaux chaudes, etc.).

Le chef-lieu est *Pau* (30,000 hab.), sur une hauteur que baigne le gave, patrie du roi Henri IV.

Les villes principales sont : *Bayonne* (26,000 hab.), place forte et port sur l'Adour, et *Orthez*, sur le gave de Pau.

RÉSUMÉ GÉNÉRAL.

Division en gouvernements de provinces et en départements.

Ancienne division de la France en gouvernements de province. — Avant 1790, la France se divisait administrativement en 40 gouvernements militaires et 33 généralités en y comprenant la Corse ; cette ancienne circonscription fut remplacée, en 1790, par la division en 83 départements ; en 1815, les départements étaient au nombre de 86 ; en 1860, ils furent portés à 89 ; en 1871, la perte de l'Alsace et d'une partie de la Lorraine les a réduits à 87, en y comprenant l'arrondissement de Belfort.

(1) Ce nom dérive de celui des *Beneharni*, que portaient les anciens habitants.

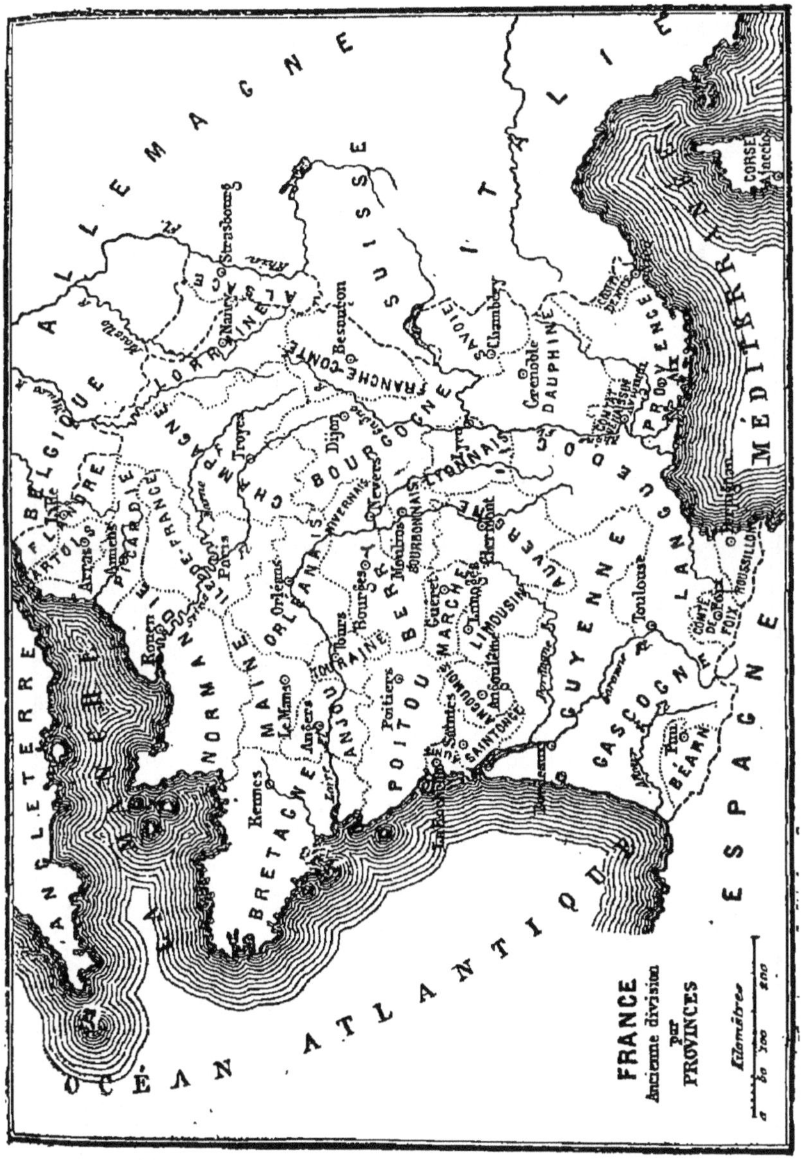
FRANCE
Ancienne division
par
PROVINCES
Kilomètres
0 50 100 200
ALLEMAGNE
ITALIE
SUISSE
ESPAGNE
OCÉAN ATLANTIQUE
MÉDITERRANÉE
ANGLETERRE
BELGIQUE
FLANDRE
ARTOIS
PICARDIE
ILE-DE-FRANCE
NORMANDIE
BRETAGNE
MAINE
ANJOU
TOURAINE
ORLÉANAIS
CHAMPAGNE
LORRAINE
ALSACE
FRANCHE-COMTÉ
BOURGOGNE
NIVERNAIS
BOURBONNAIS
LYONNAIS
BERRY
POITOU
MARCHE
LIMOUSIN
AUVERGNE
SAINTONGE
ANGOUMOIS
GUYENNE
GASCOGNE
BÉARN
LANGUEDOC
DAUPHINÉ
SAVOIE
PROVENCE
ROUSSILLON
CORSE
Paris
Strasbourg
Nancy
Besançon
Dijon
Troyes
Orléans
Tours
Bourges
Moulins
Nevers
Lyon
Grenoble
Chambéry
Poitiers
Limoges
Angoulême
Toulouse
Pau
Rennes
Angers
Le Mans
Rouen
Amiens
Arras
Lille
Ajaccio

Carte XVI.

TABLEAU DES DÉPARTEMENTS SUIVANT L'ORDRE DES BASSINS

ET CONCORDANT AVEC LES ANCIENNES PROVINCES.

DÉPARTEMENTS	CHEFS-LIEUX (1) DE DÉPARTEMENTS ET D'ARRONDISSEMENTS.
RÉGION DU NORD-EST (6 gouvernements de provinces).	
BASSINS DU RHIN ET DE LA MEUSE.	
ALSACE (Province conquise par Louis XIII, arrachée à la France par la Prusse en 1871, sauf *Belfort*). Capitale STRASBOURG.	
HAUT-RHIN.	COLMAR, *Belfort, Mulhouse* sur l'*Ill*.
BAS-RHIN.	STRASBOURG sur l'*Ill*; *Saverne, Schelestadt* et *Wissembourg*.
TROIS ÉVÊCHÉS réunis par Henri II et LORRAINE réunie sous Louis XV, en partie perdus en 1871 (4 départements dont un supprimé en 1871). Capitale NANCY.	
VOSGES.	EPINAL, sur la *Moselle*, *Mirecourt, Neufchâteau* sur la *Meuse*, *Remiremont*, *Saint-Dié* sur la *Meurthe*.
MEURTHE-ET-MOSELLE (avant 1871 département de la MEURTHE).	NANCY sur la *Meurthe*, *Briey, Lunéville*, *Toul* sur la *Moselle*. (Arrondissements avant 1871 : *Nancy*, *Château-Salins*, *Lunéville*, *Sarrebourg* et *Toul*.)
MOSELLE (annexé à l'Allemagne en 1871, sauf *Briey*).	METZ sur la *Moselle*, *Briey, Sarreguemines* sur la *Sarre*, et *Thionville* sur la *Moselle*.
MEUSE.	BAR-LE-DUC, *Commercy* sur la *Meuse*, *Montmédy, Verdun* sur la *Meuse*.
BASSINS DE LA MEUSE ET DE LA SEINE.	
CHAMPAGNE réunie au domaine royal par Philippe IV (mariage), et *Sedan* (4 départements), cap. TROYES.	
ARDENNES.	MÉZIÈRES sur la *Meuse*, *Rethel* sur l'*Aisne*, *Rocroi, Sedan* sur la *Meuse*, et *Vouziers*.
MARNE.	CHALONS-SUR-MARNE, *Epernay* sur la *Marne*, *Reims*, *Sainte-Menehould* sur l'*Aisne*, et *Vitry-le-François* sur la *Marne*.
HAUTE-MARNE.	CHAUMONT, sur la *Marne*, *Langres* et *Vassy*.
AUBE.	TROYES sur la *Seine*, *Arcis-sur-Aube*, *Bar-sur-Aube*, *Bar-sur-Seine* et *Nogent-sur-Seine*.
RÉGION DU NORD (4 gouvernements de provinces).	
BASSIN DE L'ESCAUT.	
FLANDRE enlevée à l'Espagne par Louis XIV (1 département) cap. LILLE.	
NORD.	LILLE, *Avesnes, Cambrai* sur l'*Escaut, Douai* sur la *Scarpe*, affluent de l'*Escaut*, *Hazebrouck, Dunkerque, Valenciennes* sur l'*Escaut*; v. pr. *Roubaix, Tourcoing*.

(1) Les noms des chefs-lieux de département qui doivent être appris par les élèves sont écrits en PETITES MAJUSCULES; ceux des chefs-lieux d'arrondissements importants ou des grandes villes en *italiques*, ainsi que les noms des cours d'eau.

DÉPARTEMENTS (ANCIENS NOMS DE PAYS).	CHEFS-LIEUX DE DÉPARTEMENTS ET D'ARRONDISSEMENTS.

ARTOIS enlevé à l'Espagne par Louis XIII et **BOULONNAIS** (1 département), cap. ARRAS.

| PAS-DE-CALAIS. | ARRAS, sur la *Scarpe*, Béthune, *Boulogne*, Montreuil, Saint-Omer et Saint-Pol; v. pr. : *Calais*. |

BASSIN DE LA SOMME.

PICARDIE réunie définitivement par Louis XI (1 département) cap. AMIENS.

| SOMME. | AMIENS, sur la *Somme*, *Abbeville*, sur la *Somme*, Doullens, Montdidier, *Péronne*, sur la *Somme*. |

RÉGION DU NORD-OUEST (4 gouvernements de provinces).

BASSIN DE LA SEINE.

ILE-DE-FRANCE domaine des Capétiens (5 départements) cap. PARIS.

AISNE (*Vermandois*).	LAON, Château-Thierry sur la *Marne*, Saint-Quentin, sur la *Somme*, Soissons, sur l'*Aisne*, et Vervins.
OISE (*Valois, Beauvaisis*).	BEAUVAIS, Clermont, *Compiègne*, sur l'*Oise*, et Senlis.
SEINE-ET-OISE.	VERSAILLES, Corbeil sur la *Seine*, Étampes, Mantes, sur la *Seine*, Pontoise, sur l'*Oise*, et Rambouillet.
SEINE-ET-MARNE (*Brie*).	MELUN, sur la *Seine*, Coulommiers, *Fontainebleau*, *Meaux*, sur la *Marne*, et Provins.
SEINE. (*Gouv. de Paris*).	PARIS, sur la *Seine*, *Saint-Denis* et Sceaux.

BASSIN DE LA SEINE ET BASSINS CÔTIERS

NORMANDIE conquise par Philippe II sur les rois d'Angleterre et *le Havre* (5 départements), cap. ROUEN.

EURE.	EVREUX, Les Andelys, Bernay, *Louviers* sur l'*Eure*, et Pont-Audemer.
SEINE-INFÉRIEURE.	ROUEN, sur la *Seine*, Dieppe, *le Havre*, Neufchâtel et Yvetot.
CALVADOS.	CAEN, sur l'*Orne*, Bayeux, Falaise, Lisieux, Pont-l'Evêque et Vire.
ORNE (*Perche*).	ALENÇON, sur la *Sarthe*, Argentan, sur l'*Orne*, Domfront et Mortagne.
MANCHE (*Cotentin*).	SAINT-LÔ, Avranches, *Cherbourg*, Coutances, Mortain et Valognes.

RÉGION DE L'OUEST (7 gouvernements de provinces).

BASSINS DE LA RANCE, DE LA VILAINE ET DE LA LOIRE.

BRETAGNE réunie au domaine royal par François I*er* (mariage et héritage.) (5 départements) cap. RENNES.

| COTES-DU-NORD. | SAINT-BRIEUC, Dinan sur la *Rance*, Guingamp, Lannion et Loudéac. |

DÉPARTEMENTS (ANCIENS NOMS DE PAYS).	CHEFS-LIEUX DE DÉPARTEMENTS ET D'ARRONDISSEMENTS.
	BRETAGNE (*Suite*).
ILLE-ET-VILAINE.	RENNES, sur la *Vilaine*, Fougères, Montfort, Redon sur la *Vilaine*, *Saint-Malo* sur la *Rance*, et Vitré.
FINISTÈRE.	QUIMPER, *Brest*, Châteaulin, *Morlaix* et Quimperlé.
MORBIHAN.	VANNES, *Lorient*, Pontivy et Ploërmel.
LOIRE-INFÉRIEURE.	NANTES, sur la *Loire*, Ancenis, sur la *Loire*, Châteaubriant, Paimbœuf et *Saint-Nazaire* sur la *Loire*.

MAINE conquis par Philippe II, réuni définitivement par Louis XI (héritage) (2 départements) cap. LE MANS.

SARTHE.	LE MANS, sur la *Sarthe*, La Flèche sur le *Loir*, Mamers et Saint-Calais.
MAYENNE.	LAVAL, Château-Gontier et Mayenne, sur la *Mayenne*.

ANJOU conquis par Philippe II, réuni définitivement par Louis XI (héritage) et SAUMUROIS (1 département), cap. ANGERS.

MAINE-ET-LOIRE.	ANGERS, sur la *Maine*, Baugé, *Cholet*, *Saumur* sur la *Loire*, et Segré.

BASSINS DE LA LOIRE ET DE LA CHARENTE.

POITOU conquis par Philippe II sur les rois d'Angleterre (3 départements) cap. POITIERS.

VIENNE.	POITIERS, *Châtellerault*, sur la *Vienne*, Civray, sur la *Charente*, Loudun et Montmorillon.
DEUX-SÈVRES.	NIORT, sur la *Sèvre*, Bressuire, Melle et Parthenay.
VENDÉE (*Le Marais, Le Bocage*).	LA ROCHE-SUR-YON, Fontenay-le-Comte, sur la *Vendée*, les Sables-d'Olonne.

BASSIN DE LA CHARENTE.

ANGOUMOIS (1) conquis par Charles V sur les Anglais (1 département) cap. ANGOULÊME.

CHARENTE.	ANGOULÊME, sur la *Charente*, Barbezieux, *Cognac*, sur la *Charente*, Confolens, sur la *Vienne*, et Ruffec.

AUNIS ET SAINTONGE conquis par Charles V sur les Anglais (1 département) cap. LA ROCHELLE ET SAINTES.

CHARENTE-INFÉRIEURE	LA ROCHELLE, Jonzac, Marennes, *Rochefort* et *Saintes* sur la *Charente*, Saint-Jean-d'Angély.

(1) L'Angoumois et la Saintonge ne formaient qu'un gouvernement.

DÉPARTEMENTS (ANCIENS NOMS DE PAYS).	CHEFS-LIEUX DE DÉPARTEMENTS ET D'ARRONDISSEMENTS.

RÉGION DU SUD-OUEST (2 gouvernements de provinces).

BASSINS DE LA GARONNE ET DE L'ADOUR.

GUIENNE ET GASCOGNE conquises par Charles VII sur les Anglais (9 départements) cap. BORDEAUX.

GIRONDE (*Bordelais*).	BORDEAUX, sur la *Garonne*; Bazas, Blaye sur la *Gironde*, Lesparre, *Libourne* sur la *Dordogne*, et la *Réole*, sur la *Garonne*.
DORDOGNE (*Périgord*).	PÉRIGUEUX, sur l'*Isle*, Bergerac, sur la *Dordogne*, Nontron, Riberac et Sarlat.
LOT (*Quercy*).	CAHORS, sur le *Lot*, Figeac et Gourdon.
AVEYRON (*Rouergue*).	RODEZ, sur l'*Aveyron*, Espalion, sur le *Lot*, Millau, sur le *Tarn*, Saint-Affrique, Villefranche sur l'*Aveyron*.
TARN-ET-GARONNE.	MONTAUBAN, sur le *Tarn*, Castel-Sarrasin, Moissac, sur le *Tarn*.
LOT-ET-GARONNE (*Agénois*).	AGEN, sur la *Garonne*, *Marmande*, *Nérac* sur la *Baïse*, et Villeneuve-sur-Lot.
LANDES.	MONT-DE-MARSAN, *Dax* et Saint-Sever sur l'*Adour*.
GERS (*Armagnac*).	AUCH, sur le *Gers*, Condom, sur la *Baïse*, Lectoure, Lombez et Mirande.
HAUTES-PYRÉNÉES (*Bigorre*).	TARBES, sur l'*Adour*, Argelès et Bagnères.

BÉARN domaine personnel du roi Henri IV (1 département) cap. PAU.

BASSES-PYRÉNÉES (*Navarre et Béarn*).	PAU, *Bayonne* sur l'*Adour*, Mauléon, Oloron et Orthez.

RÉGION DU MIDI (3 gouvernements de provinces).

BASSINS DE LA GARONNE, DU RHÔNE ET DE LA LOIRE.

COMTÉ DE FOIX domaine personnel d'Henri IV (1 département) cap. FOIX.

ARIÉGE.	FOIX, sur l'*Ariége*, Pamiers et Saint-Girons.

ROUSSILLON conquis par Louis XIII sur les Espagnols (1 département) cap. PERPIGNAN.

PYRÉNÉES-ORIENTALES.	PERPIGNAN, Céret et Prades, v. pr.: *Port-Vendres*.

LANGUEDOC en partie conquis sous Louis VIII, en partie réuni par héritage sous Philippe III (8 départements) cap. TOULOUSE.

HAUTE-GARONNE.	TOULOUSE, Muret et Saint-Gaudens sur la *Garonne*, Villefranche.
AUDE.	CARCASSONNE, sur l'*Aude*, Castelnaudary, Limoux sur l'*Aude*, et *Narbonne*.

DÉPARTEMENTS (ANCIENS NOMS DE PAYS).	CHEFS-LIEUX DE DÉPARTEMENTS ET D'ARRONDISSEMENTS.

LANGUEDOC (*Suite*).

TARN (*Albigeois*).	ALBI, sur le *Tarn*, Castres, Gaillac et Lavaur.
HÉRAULT.	MONTPELLIER, *Béziers*, Lodève et Saint-Pons, v. pr. : *Cette*.
GARD.	NÎMES, Alais sur le *Gard*, Uzès et le Vigan, v. pr. : *Beaucaire*.
LOZÈRE (*Gévaudan*),	MENDE, sur le *Lot*, Florac et Marvejols.
ARDÈCHE (*Vivarais*).	PRIVAS, Largentière, Tournon, sur le *Rhône*, v. pr. : *Annonay* et *Aubenas*.
HAUTE-LOIRE (*Vélay*).	LE PUY, Brioude sur l'*Allier*, et Yssingeaux.

RÉGION DU SUD-EST (3 gouvernements de provinces) : 2 provinces annexées après 1790.

BASSIN DU RHÔNE.

CORSE conquise sous Louis XV (1 département) cap. BASTIA.

CORSE.	AJACCIO, *Bastia*, Calvi, Corté et Sartène.

COMTÉ DE NICE réuni en 1860 (1 département) cap. NICE.

ALPES-MARITIMES.	NICE, *Grasse* et Puget-Théniers.

PROVENCE réunie par Louis XI (héritage) (3 départements) cap. AIX.

BASSES-ALPES.	DIGNE, Barcelonnette, Castellane, Forcalquier, Sisteron sur la *Durance*.
VAR.	DRAGUIGNAN, Brignoles et *Toulon*.
BOUCHES-DU-RHONE.	MARSEILLE, *Aix*, Arles sur le *Rhône*.

COMTAT D'AVIGNON enlevé aux papes en 1791 (1 département) cap. AVIGNON.

VAUCLUSE.	AVIGNON, sur le *Rhône*, Apt, Carpentras et Orange.

DAUPHINÉ acheté par Philippe VI (3 départements) cap. GRENOBLE.

ISÈRE.	GRENOBLE, sur l'*Isère*, La Tour-du-Pin, Saint-Marcellin, *Vienne*, sur le *Rhône*.
HAUTES-ALPES.	GAP, Briançon et Embrun sur la *Durance*.
DROME.	VALENCE, sur le *Rhône*, Die, sur la *Drôme*, Montélimart et Nyons.

RÉGION DE L'EST (3 gouvernements de provinces) : 1 province annexée après 1790.

BASSINS DU RHÔNE, DE LA LOIRE ET DE LA SEINE.

SAVOIE réuni en 1860 (2 départements) cap. CHAMBÉRY.

HAUTE-SAVOIE.	ANNECY, Bonneville, Saint-Julien et Thonon.
SAVOIE.	CHAMBÉRY, Albertville, Moutiers, sur l'*Isère*, et Saint-Jean-de-Maurienne, v. pr. : *Aix-les-Bains*.

DÉPARTEMENTS (ANCIENS NOMS DE PAYS).	CHEFS-LIEUX DE DÉPARTEMENTS ET D'ARRONDISSEMENTS.
LYONNAIS réuni au domaine royal sous Philippe IV et sous François Ier (2 départements) cap. LYON.	
LOIRE (*Forez*).	SAINT-ÉTIENNE, Montbrison, Roanne sur la *Loire*, v. pr. : *Rive-de-Gier*.
RHONE (*Lyonnais, Beaujolais*).	LYON, sur le *Rhône*, Villefranche.
BOURGOGNE conquise en partie par Louis XI, en partie par Henri IV (4 départements) cap. DIJON.	
YONNE (*Basse-Bourgogne*).	AUXERRE, sur l'*Yonne*, Avallon, Joigny et *Sens* sur l'*Yonne*, Tonnerre.
COTE-D'OR (*Haute-Bourgogne*).	DIJON, *Beaune*, Châtillon-sur-Seine et Semur.
SAONE-ET-LOIRE (*Mâconnais, Charolais*).	MACON, sur la *Saône*, Autun, *Châlon-sur-Saône*, Charolles et Louhans, v. pr. : *Le Creusot*.
AIN (*Bresse, Bugey, Dombes*).	BOURG, Belley, Gex, Nantua, Trévoux sur la *Saône*.
FRANCHE-COMTÉ conquise sur les Espagnols par Louis XIV (3 départements) cap. BESANÇON.	
HAUTE-SAONE.	VESOUL, Gray, sur la *Saône*, et Lure.
DOUBS.	BESANÇON, sur le *Doubs*, Baume-les-Dames (*id.*), Montbéliard, Pontarlier sur le *Doubs*.
JURA.	LONS-LE-SAULNIER, *Dôle* sur le *Doubs*, Poligny et Saint-Claude.

RÉGION DU CENTRE (8 gouvernements de provinces).

BASSINS DE LA LOIRE ET DE LA SEINE.

NIVERNAIS réuni en 1789 (1 département) cap. NEVERS.	
NIÈVRE (*Morvan*).	NEVERS, sur la *Loire*, Château-Chinon, Clamecy sur l'*Yonne*, Cosne, sur la *Loire*.
BOURBONNAIS confisqué par François Ier (1 département) cap. MOULINS.	
ALLIER.	MOULINS, sur l'*Allier*, Gannat, La Palisse, *Montluçon* sur le *Cher*, v. pr. : *Vichy*.
BERRY acheté par Philippe Ier (2 départements) cap. BOURGES.	
INDRE (*Brenne*).	CHATEAUROUX, sur l'*Indre*, Le Blanc, sur la *Creuse*, La Châtre, sur l'*Indre*, et Issoudun.
CHER.	BOURGES, Sancerre, Saint-Amand sur le *Cher*.
ORLÉANAIS domaine de Hugues Capet (3 départements) cap. ORLÉANS.	
LOIR-ET-CHER (*Sologne, Blaisois, Vendômois*).	BLOIS, sur la *Loire*, Romorantin, *Vendôme* sur le *Loir*.

DÉPARTEMENTS (ANCIENS NOMS DE PAYS).	CHEFS-LIEUX DE DÉPARTEMENTS ET D'ARRONDISSEMENTS.
ORLÉANAIS (*Suite*).	
LOIRET (*Orléanais, So-logne, Gâtinais*).	ORLÉANS, sur la *Loire*, Gien, sur la *Loire*, Montargis et Pithiviers.
EURE-ET-LOIR (*Beauce et Perche*).	CHARTRES, sur l'*Eure*, Châteaudun, sur le *Loir*, Dreux et Nogent-le-Rotrou.
TOURAINE enlevée par Philippe-Auguste aux rois d'Angleterre (1 département) cap. TOURS.	
INDRE-ET-LOIRE (*Tou-raine et Brenne*).	TOURS, sur la *Loire*, Chinon, sur la *Vienne*, Loches, sur l'*Indre*, v. pr. : Amboise.
MARCHE confisquée par François Ier (1 département).	
CREUSE.	GUÉRET, *Aubusson*, Bourganeuf et Bous-sac.
BASSINS DE LA CHARENTE, DE LA LOIRE ET DE LA GARONNE.	
LIMOUSIN réuni à l'avénement d'Henri IV (2 départements). cap. LIMOGES.	
CORRÈZE.	TULLE, sur la *Corrèze, Brive*, sur la *Cor-rèze*, et Ussel.
HAUTE-VIENNE.	LIMOGES, sur la *Vienne*, Bellac, Roche-chouart et Saint-Yrieix.
AUVERGNE confisquée par François Ier (2 départements) cap. CLERMONT.	
CANTAL.	AURILLAC, Mauriac, Murat et Saint-Flour.
PUY-DE-DOME (*Limagne*).	CLERMONT, Ambert, Issoire, Riom et *Thiers*.

Exercices.

Carte de la France divisée par provinces. — Carte de la France par départements.

CHAPITRE VII

VOIES DE COMMUNICATION. LES CHEMINS DE FER.

I

Voies de communication. — Les fleuves ont été les premières routes du commerce, et malgré la concurrence des moyens de communication plus rapides, la navigation conservera toujours son importance par l'économie qu'elle présente et les facilités qu'elle offre pour le transport des marchandises encombrantes, telles que les charbons de terre, les matériaux de construction, les engrais, les vins, les bois pour

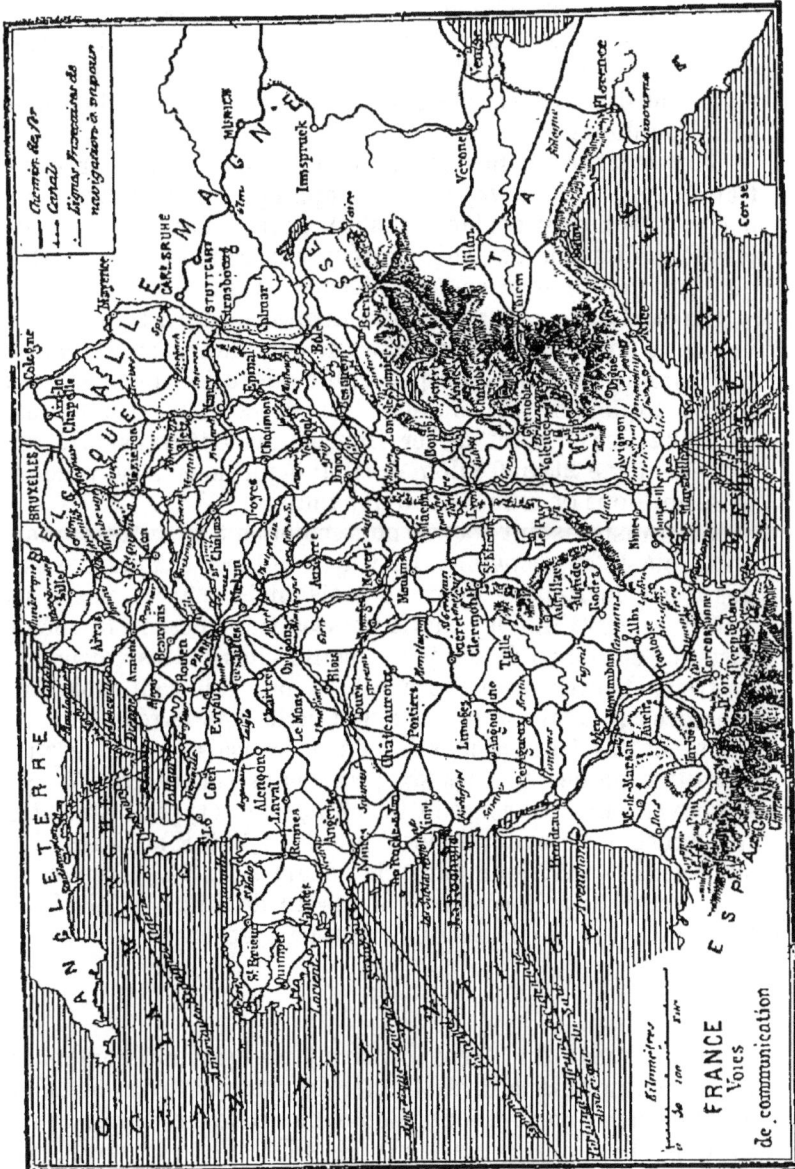

FRANCE
Voies
de communication

Carte XVII.

l'exploitation desquels le flottage à bûches perdues permet d'utiliser même les cours d'eau non navigables : le développement des canaux et l'amélioration de la navigabilité des fleuves et des rivières est donc une des conditions de la prospérité publique.

L'importance de nos grandes routes a diminué au contraire depuis que la vapeur a été appliquée aux transports : la circulation s'est déplacée et s'est reportée des routes parallèles à la direction des voies ferrées aux routes transversales qui rattachent nos principaux réseaux de chemins de fer.

Chemins de fer. — Les chemins de fer à locomotives inconnus en France avant 1833, ne comptaient en 1839 que 572 kilomètres, en 1866 que 6,000 ; le développement des lignes exploitées est aujourd'hui de 32,000 kilomètres. En 1882, les chemins de fer français avaient transporté sur un réseau de 26,000 kilomètres, 195 millions de voyageurs et 89 millions de tonnes de marchandises.

Les transports ont gagné non-seulement en vitesse, mais en sûreté et en économie. Le trajet de Paris à Marseille exigeait par le roulage deux ou trois mois, par la poste six jours ; aujourd'hui les marchandises franchissent la même distance en moins de dix jours (petite vitesse), les voyageurs en treize heures (trains rapides), et les frais sont trois fois moindres qu'avant la construction de la voie ferrée.

On peut diviser les chemins de fer français en huit grands réseaux exploités par les six principales compagnies à qui le gouvernement a concédé l'exploitation, et par l'Etat dont les lignes ont un développement de 2,000 kilomètres. Les six premiers ont leur point de départ à Paris, le septième, celui du Midi à Bordeaux ; le réseau de l'Etat a plusieurs têtes de lignes, mais aucune jusqu'ici à Paris.

II

I. Le réseau du **Nord** construit presque entièrement en plaine communique avec la mer du Nord, le pas de Calais et la Manche par Amiens, Boulogne, Calais et Dunkerque ; avec la Belgique et le nord de l'Europe : 1° par Creil, Amiens, Arras (embranchement sur Dunkerque), Lille et Valenciennes ; 2° par Creil, Compiègne, Saint-Quentin et Maubeuge ; 3° par Soissons, Laon et Vervins.

II. Le réseau de l'**Est**, se prolonge de Paris à la frontière d'Allemagne et de Suisse : 1° par Épernay, Châlons-sur-Marne, Frouard, Nancy, Saverne et Strasbourg (embranchements de Châlons et d'Épernay à la frontière belge (Givet), par Reims et Mézières, et de Frouard à Metz) ; 2° par Troyes, Chaumont, Langres, Belfort et Mulhouse. Les lignes de l'Est ont eu à vaincre des obstacles que n'ont pas rencontrés celles du Nord ; aussi les ouvrages d'art y sont-ils plus nombreux. Le plus important est le tunnel de Hommarting, qui franchit les Vosges, et qui n'appartient plus à la France depuis 1871.

III. Le réseau du **Sud-Est** (Compagnie de Paris-Lyon-Méditerranée), fait communiquer Paris avec la Méditerranée et la frontière de Suisse et d'Italie, par Melun, Sens, le tunnel de Blaisy (Côte-d'Or), long de 4,100 mètres, Dijon, Mâcon, Lyon, Valence, Avignon, Arles, le tunnel de la Nerthe, long de 4,638 mètres, Marseille, Toulon et Nice. (Embranchements de Dijon à Besançon et à Neuchâtel en Suisse par le col des Verrières, de Mâcon à Genève en Suisse par Bourg, de Lyon à Grenoble par la Tour-du-Pin, à Genève par Culoz et la vallée du Rhône et à la frontière d'Italie (tunnel du mont Cenis) par Chambéry et la vallée de l'Arc ; d'Arles à Montpellier et à Cette).

IV. Les grandes lignes du **Centre** qui appartiennent en partie à la Compagnie d'Orléans, en partie à celle de Lyon, sont celles :

1° De Paris à Lyon et à Saint-Étienne par Melun, Nevers, Moulins et Roanne.

2° De Paris à Marseille par Moulins, Clermont-Ferrand, Brioude, Alais, Nîmes et Arles. (Embranchements de Clermont à Brive par Tulle, de Brioude à Figeac par Aurillac et de Brioude à Lyon par le Puy et Saint-Étienne.)

3° De Paris à Toulouse par Orléans, Vierzon, Châteauroux, Limoges, Brive, Figeac et Gaillac. (Embranchements de Vierzon à Nevers par Bourges, de Moulins à Poitiers par Montluçon et Guéret, de Limoges à Bordeaux et à Agen par Périgueux.)

V. Le réseau du **Sud-Ouest** (Compagnie d'Orléans) a pour ligne principale celle de Paris à Bordeaux par Orléans et Blois, ou par Vendôme, Tours, Poitiers et Angoulème. (Embranchements d'Orléans à Montargis et à Gien ; de Tours à Vierzon, de Tours à Saint-Nazaire par Angers et Nantes ; de Nantes à Landerneau ; de Poitiers à Limoges ; d'Angoulème à Limoges.)

VI. Le réseau du **Midi** a deux lignes principales : 1° de Bordeaux à la frontière d'Espagne par les Landes et Bayonne.

2° De Bordeaux à Cette par Agen, Montauban, Toulouse, Carcassonne, Narbonne et Béziers. (Embranchements d'Agen à Auch, de Toulouse à Bayonne, par Tarbes et Pau, de Toulouse à Foix, et de Narbonne à la frontière d'Espagne par Perpignan.)

VII. Le réseau de l'**Ouest** a quatre grandes lignes : 1° De Paris au Havre et à Dieppe par la vallée de la Seine et Rouen.

2° De Paris à Cherbourg par Mantes, Évreux, Caen et Saint-Lô.

3° De Paris à Granville par Versailles, Dreux et Vire.

4° De Paris à Brest par Versailles, Chartres, le Mans, Laval, Rennes, Saint-Brieuc, Morlaix et Landerneau. (Embranchements du Mans à Caen par Alençon ; du Mans à Tours.)

VIII. Les principales lignes du réseau de l'**État** sont : 1° Celles de Tours aux Sables-d'Olonne par Bressuire et la Roche-sur-Yon, et à la Rochelle et Rochefort par Chinon et Niort.

2° Celle d'Angers à Poitiers et à Niort par Loudun.

3° Celle de Nantes à Bordeaux par la Roche-sur-Yon, Saintes et Coutras.

4° Celle de Nantes à Angoulême par la Roche-sur-Yon, Saintes, Cognac.

5° Celles de Nantes à Paimbœuf et à Pornic.

6° Celles d'Orléans à Chartres et de Blois à Vendôme et Château-du-Loir.

III

Les **grandes Compagnies de navigation**, les *Messageries maritimes*, la *Compagnie transatlantique*, partagent avec d'autres compagnies moins puissantes le service des transports maritimes à vapeur. Les principales lignes de navigation française ont pour points de départ *Marseille* pour la Méditerranée et l'extrême Orient par le canal de Suez ; *Bordeaux* pour l'Amérique du Sud (Messageries maritimes), *Saint-Nazaire* pour l'Amérique centrale (mer des Antilles et golfe du Mexique), et le *Havre* pour l'Amérique du Nord (Compagnie transatlantique).

Les autres ports de commerce dont le mouvement présente le plus d'activité sont *Nice* et *Cette* sur la Méditerranée ; *Bayonne, la Rochelle, Nantes*, sur l'océan Atlantique : *Saint-Malo, Granville* (Manche), *Honfleur* (Calvados), *Dieppe*, sur la

Manche; *Boulogne* et *Calais*, sur le Pas-de-Calais; et *Dunkerque* sur la mer du Nord. La marine marchande de la France compte 14,300 navires à voiles et plus de 850 vapeurs pouvant porter plus d'un million de tonneaux.

Les **lignes télégraphiques** mettent la France en communication avec tous les points du globe et comptent 175,000 kilomètres de fils. Des câbles sous-marins rattachent la France à l'Algérie, à l'Angleterre et à l'Amérique du Nord.

RÉSUMÉ.

Voies de communication.

Les voies de communication sont :

1º Les FLEUVES *et rivières navigables et les canaux* ;

2º Les ROUTES de terre ;

3º Les CHEMINS DE FER (32,000 kilomètres), qui se divisent en huit grands réseaux, dont Paris est le centre : 1º celui du *Nord*, qui établit les communications avec la Belgique, l'Europe septentrionale et les ports de la mer du Nord et du Pas-de-Calais ; 2º celui de l'*Est*, qui communique avec l'Allemagne, l'Europe centrale et la Suisse ; 3º celui du *Sud-Est* (Paris-Lyon-Méditerranée), qui communique avec la Suisse, l'Italie et les ports de la Méditerranée ; 4º celui du *Midi*, qui communique avec l'Espagne et rattache les ports du golfe de Gascogne à ceux de la Méditerranée ; 5º celui du *Sud-Ouest* (Orléans), qui communique avec les ports du golfe de Gascogne et se rattache au réseau du Midi ; 6º celui de l'*Ouest*, qui communique avec les ports de l'Atlantique et la Manche ; 7º celui du *Centre*, qui relie tous les autres et sillonne la région centrale de la France ; 8º celui de l'*Etat*, qui rattache par divers embranchements Orléans à Chartres, Nantes à Bordeaux et à Angoulême, Angers à Poitiers, etc...

4º et 5º Les grandes lignes de NAVIGATION MARITIME qui aboutissent à nos principaux ports de commerce, *le Havre*, sur la Manche, *Saint-Nazaire* et *Bordeaux*, sur l'Atlantique, *Marseille*, sur la Méditerranée, et les LIGNES TÉLÉGRAPHIQUES communiquant avec tous les points du globe.

Exercices

Carte des chemins de fer français (grandes lignes).

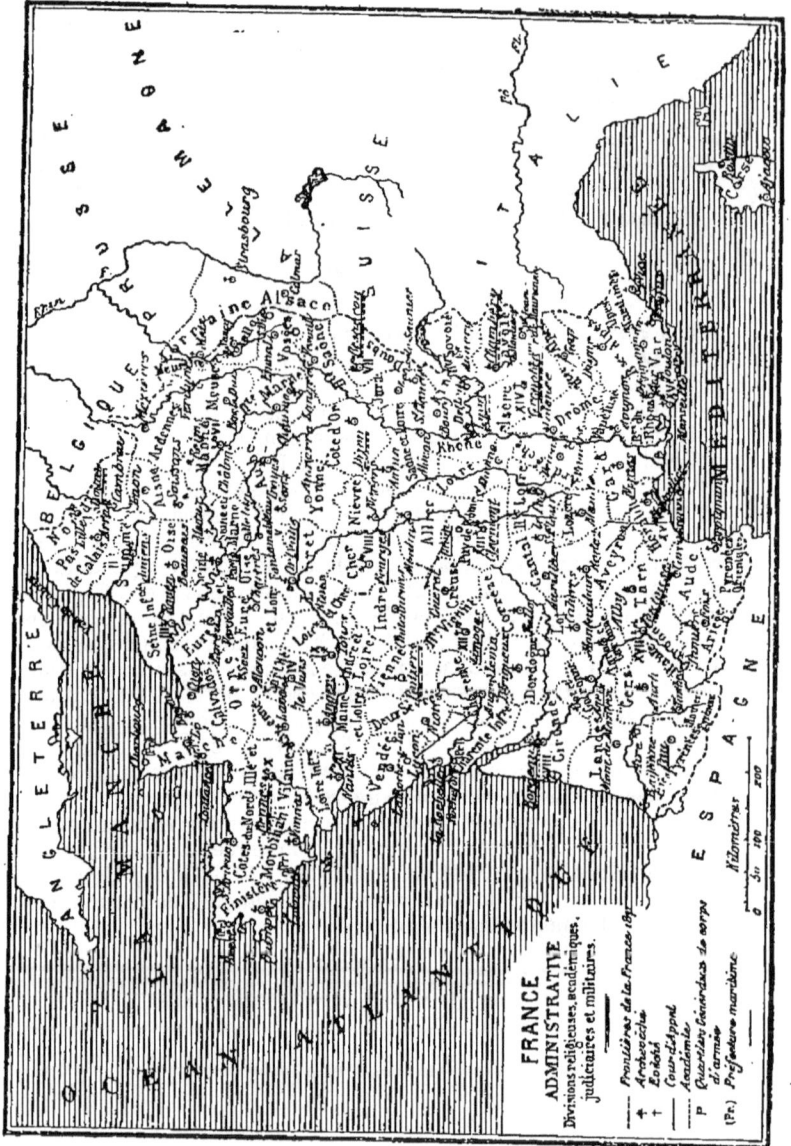

FRANCE
ADMINISTRATIVE
Divisions religieuses, académiques,
judiciaires et militaires.

Carte XVIII.

CHAPITRE VIII

LA POPULATION. NOTIONS DE GÉOGRAPHIE ADMINISTRATIVE

I

Population de la France. — La population de la France, qui dépassait, en 1870, 38 millions d'habitants, a été réduite, par les traités de 1871, à 36,100,000 : elle est aujourd'hui de 38 millions, ce qui suppose une moyenne de 71 habitants par kilomètre carré ; mais, tandis que dans la région du nord et du nord-ouest et dans une partie de celle du nord-est, la population dépasse la moyenne, elle est au-dessous dans tout le reste de la France, sauf quelques' départements qui, comme les Bouches-du-Rhône, Vaucluse, l'Isère, la Loire, le Rhône, le Gard, la Haute-Garonne, doivent à leurs grandes villes une moyenne plus élevée. Les régions les moins peuplées sont la Corse, les départements des Hautes et Basses-Alpes, la Lozère et les Landes.

La France ne possède que dix villes où la population dépasse 100,000 âmes : Paris (2,270,000 habitants); Lyon (376,000) ; Marseille (360,000) ; Bordeaux (221,000); Lille (178,000) ; Toulouse (140,000); Saint-Etienne (124,000); Nantes (124,000); Rouen (106,000) et le Hàvre (106,000).

Langues. — Sauf la Basse-Bretagne où subsistent les vestiges de l'ancienne langue celtique, et la Navarre française où les Basques ont conservé leur dialecte national, la seule langue parlée aujourd'hui en France est le français ; mais dans un grand nombre de provinces existent encore des *patois*, qui sont les débris des dialectes parlés au moyen âge et les témoignages des transformations que la langue a subies pour arriver à sa forme moderne.

II

Gouvernement. — Le gouvernement de la France est une république où le pouvoir exécutif appartient à un *président* nommé par le *Sénat* et la *Chambre des députés* et à des *ministres* choisis par le président et responsables de leurs actes, le pouvoir législatif à un *Sénat* et à une *Chambre des députés* élue par le suffrage univèrsel.

Divisions administratives. — La France est divisée en 87 *départements*, y compris l'arrondissement de Belfort (Haut-Rhin), administrés par autant de préfets et par des *conseils généraux* élus par le suffrage universel des électeurs du département. Les départements sont subdivisés en *arrondissements*, administrés par des sous-préfets et par des *conseils d'arrondissement*, les arrondissements en *cantons* et les cantons en *communes* administrées par des maires et par des *conseils municipaux* choisis par les électeurs de la commune.

Divisions financières. — Les impôts sont destinés à acquitter les dépenses publiques, qui s'élèvent à plus de 3,600 millions par an et comprennent l'entretien de toutes les grandes administrations, de l'armée, de la marine, les travaux d'utilité publique, et le service des intérêts de la dette de l'Etat, c'est-à-dire des emprunts faits aux particuliers pour couvrir certaines dépenses extraordinaires.

Les *impôts* ou *contributions directes*, l'impôt foncier, qui a pour base le revenu des propriétés bâties ou non bâties, l'impôt mobilier, qui a pour base la valeur des loyers, l'impôt des portes et fenêtres, celui des patentes, qui pèse sur les diverses catégories d'industries ou de commerces, sont perçus par un *trésorier-payeur général,* résidant au chef-lieu de chaque département, et par des *receveurs particuliers* (un par arrondissement), et des *percepteurs* (un par canton).

Les *impôts indirects*, droits sur les boissons, les tabacs, le sel, la poudre, l'enregistrement des actes de vente, de succession, le papier timbré, droits de douanes sur les marchandises à leur entrée en France, etc..., sont perçus par des administrations spéciales qui dépendent du service des *contributions indirectes*.

Divisions judiciaires. — Il existe dans chaque canton une *justice de paix*, dans chaque arrondissement un tribunal de *première instance*, qui juge les affaires civiles ou les délits correctionnels. Les *cours d'assises,* chargées de juger les affaires criminelles, et où le droit de prononcer sur la culpabilité de l'accusé est réservé au *jury*, composé de citoyens tirés au sort sur des listes dressées à cet effet, ne sont pas permanentes et se réunissent ordinairement au chef-lieu du département. Vingt-six *cours d'appel* sont chargées de juger les appels des tribunaux de première instance, et la *cour de cassation*, résidant à Paris, veille à ce que les arrêts ne contiennent rien de contraire aux lois. Dans beaucoup de villes, les affaires commerciales sont jugées par les *tribunaux de commerce*, composés de négociants élus.

Les sièges des vingt-six cours d'appel sont : Agen, Aix,

Amiens, Angers, Bastia, Besançon, Bordeaux, Bourges, Caen, Chambéry, Dijon, Douai, Grenoble, Limoges, Lyon, Montpellier, Nancy, Nîmes, Orléans, Paris, Pau, Poitiers, Rennes, Riom, Rouen et Toulouse.

Instruction publique. — La France est divisée, au point de vue de l'instruction publique, en seize *académies* administrées par des recteurs qu'assistent des inspecteurs d'académie résidant au chef-lieu de chaque département.

L'*instruction primaire* est donnée dans les écoles publiques ou libres, qui comptent ensemble plus de 5 millions 1/2 d'élèves.

L'*instruction secondaire* est donnée dans les lycées et dans les collèges entretenus par l'Etat ou par les villes, et dans de nombreux établissements libres.

L'*enseignement supérieur* est donné dans les Facultés des lettres et des sciences, de droit, de médecine, et dans des Ecoles spéciales, comme l'Ecole normale supérieure, l'Ecole polytechnique, l'Ecole des hautes études, l'Ecole des chartes, etc...

Les chefs-lieux des seize académies sont : Aix, Besançon, Bordeaux, Caen, Chambéry, Clermont-Ferrand, Dijon, Douai, Grenoble, Lyon, Montpellier, Nancy, Paris, Poitiers, Rennes et Toulouse.

Divisions religieuses. — La France catholique est divisée en dix-sept archevêchés et soixante-sept évêchés. Les sièges des archevêchés sont : Aix, Albi, Auch, Avignon, Besançon, Bordeaux, Bourges, Cambrai, Chambéry, Lyon, Paris, Reims, Rennes, Rouen, Sens, Tours et Toulouse. Le nombre des catholiques est de 37 millions ; celui des protestants de 500,000 ; celui des israélites de 50,000.

Divisions maritimes. — Le littoral de la France est divisé en cinq préfectures maritimes dont les chefs-lieux sont : *Cherbourg, Brest, Lorient, Rochefort* et *Toulon,* nos cinq grands ports militaires.

Le personnel de la flotte se recrute par les enrôlements volontaires et l'inscription maritime, qui astreint à un certain temps de service sur les navires de l'Etat tout matelot ou pêcheur du littoral.

La flotte compte 360 navires à vapeur ou à voiles, dont 48 cuirassés et 70 torpilleurs.

Divisions militaires. — La France est divisée en 18 régions correspondant aux 18 corps d'armée.

Tout citoyen doit à son pays le service militaire. La durée du service dans l'*armée active* est de neuf ans, dont quatre ans dans la réserve, qui n'est appelée qu'en temps de guerre : en temps de paix, les cinq ans de présence sous les drapeaux peuvent être réduits à un an pour les volontaires qui présentent certaines garanties d'instruction, et qui s'équipent et s'entretiennent à leurs frais. L'armée active compterait plus d'un million d'hommes sur le pied de guerre. Elle est de 466,000 environ en temps de paix.

Tout soldat libéré du service appartient jusqu'à quarante ans à l'*armée territoriale*, qui ne peut être appelée qu'à la défense du territoire.

RÉSUMÉ.

La *population* est de 38 millions d'hab.; 71 par kilomètre carré.

Gouvernement. — La forme du gouvernement est une république; le pouvoir exécutif appartient à un *président* et à des *ministres* responsables, et le pouvoir législatif à un *sénat* et à une *chambre des députés* nommée par le suffrage universel.

Divisions administratives. — La France est divisée en *départements* administrés par des *préfets* et par des *conseils généraux* élus : le département se subdivise en *arrondissements* administrés par des *sous-préfets* et des *conseils d'arrondissement*, l'arrondissement en *cantons*, le canton en *communes* administrées par des *maires* et des *conseils municipaux*.

Divisions financières. — Les impôts directs sont perçus par des *trésoriers-payeurs généraux* (1 par département), des *receveurs particuliers* (1 par arrondissement), et des *percepteurs* : les impôts indirects par des administrations spéciales.

Divisions judiciaires. — Il existe une *justice de paix* par canton, un *tribunal de première instance* par arrondissement, 26 *cours d'appel* et une *cour de cassation* qui siège à Paris.

Divisions religieuses. — La France catholique est divisée en 17 archevêchés et 67 évêchés.

Instruction publique. — La France est divisée, au point de vue de l'instruction publique, en 16 académies : on distingue l'*instruction primaire*, donnée dans les écoles; l'*instruction secondaire*, donnée dans les lycées, collèges, etc.; et l'*instruction supérieure*, donnée dans les facultés.

Divisions militaires. — Il y a aujourd'hui 18 régions militaires correspondant aux 18 corps d'armée.

Le service militaire est personnel et obligatoire; l'armée se compose de l'armée active, de la réserve et de l'armée territoriale.

Divisions maritimes. — Le littoral est divisé en 5 préfectures maritimes, Cherbourg, Brest, Lorient, Rochefort et Toulon.

Exercices

Cartes des divisions militaires, judiciaires, académiques.

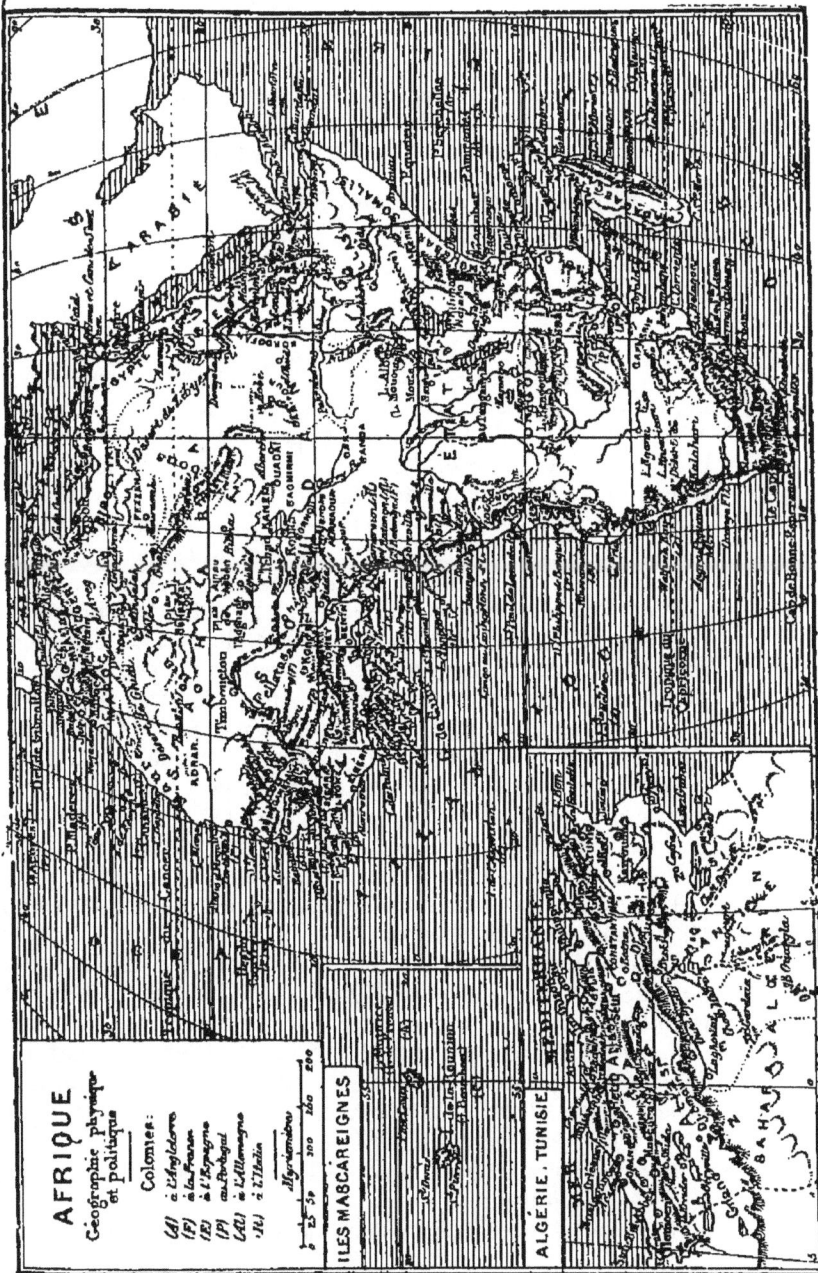

AFRIQUE

Géographie physique et politique

Colonies:

(A) à l'Angleterre
(F) à la France
(E) à l'Espagne
(P) au Portugal
(Al) à l'Allemagne
(It) à l'Italie

Myriamètres

ILES MASCAREIGNES

ALGÉRIE, TUNISIE

Carte XIX.

CHAPITRE IX

COLONIES FRANÇAISES D'AFRIQUE.

On donne le nom de colonies françaises aux possessions de la France hors de l'Europe.

I

ALGÉRIE.

Les colonies sont, en Afrique : 1° l'**Algérie**, contrée au moins aussi grande que la France, bornée au nord par la Méditerranée ; à l'est et à l'ouest par des pays musulmans, le Maroc et la Tunisie, ce dernier placé sous le protectorat français ; au sud par le *Sahara*.

Géographie physique. — L'Algérie est un massif de hautes terres enfermé entre deux chaînes de montagnes le *petit Atlas* au nord, le *grand Atlas* au sud, interrompues par des vallées et des plateaux. Les côtes présentent de nombreuses saillies, les caps de *Garde*, de *Fer*, *Carbon*, *Matifou*, *Falcon*, etc... Les baies sont ouvertes et peu sûres ; les plus vastes sont celles de *Stora*, d'*Alger*, d'*Arzeu* et d'*Oran*.

Le petit Atlas plonge jusque dans la mer par les massifs de l'*Edough*, du *Djurjura* (2,300 mètres d'altitude), du *Dahra* ; sur d'autres points (massifs de *Mouzaïa*, de l'*Ouaransenis*) les montagnes sont plus éloignées du littoral, que bordent des plaines fertiles, celles de la *Mitidja* au sud d'Alger, de *Saint-Denis-du-Sig* dans la province d'Oran, etc.

Le grand Atlas domine le Sahara par les massifs tourmentés de l'*Amour* et de l'*Aurès*.

La plupart des cours d'eau qui se jettent dans la Méditerranée, le *Seybouse*, le *Roummel*, l'*Oued-Sahel*(1), l'*Isser*, l'*Harrach*, le *Chélif*, le plus grand de nos fleuves algériens, la *Macta*, l'*Habra*, la *Tafna*, dont un affluent reçoit l'*Isly*, ne sont que des torrents desséchés en été ; ceux du versant intérieur, l'*Oued-Djedi*, l'*Oued-Igharghar*, se perdent dans les sables et n'ont pas d'écoulement dans la mer.

Régions naturelles. — L'Algérie se divise en trois régions physiques :

1° De la Méditerranée aux sommets de l'Atlas septentrional,

(1) *Oued* signifie rivière.

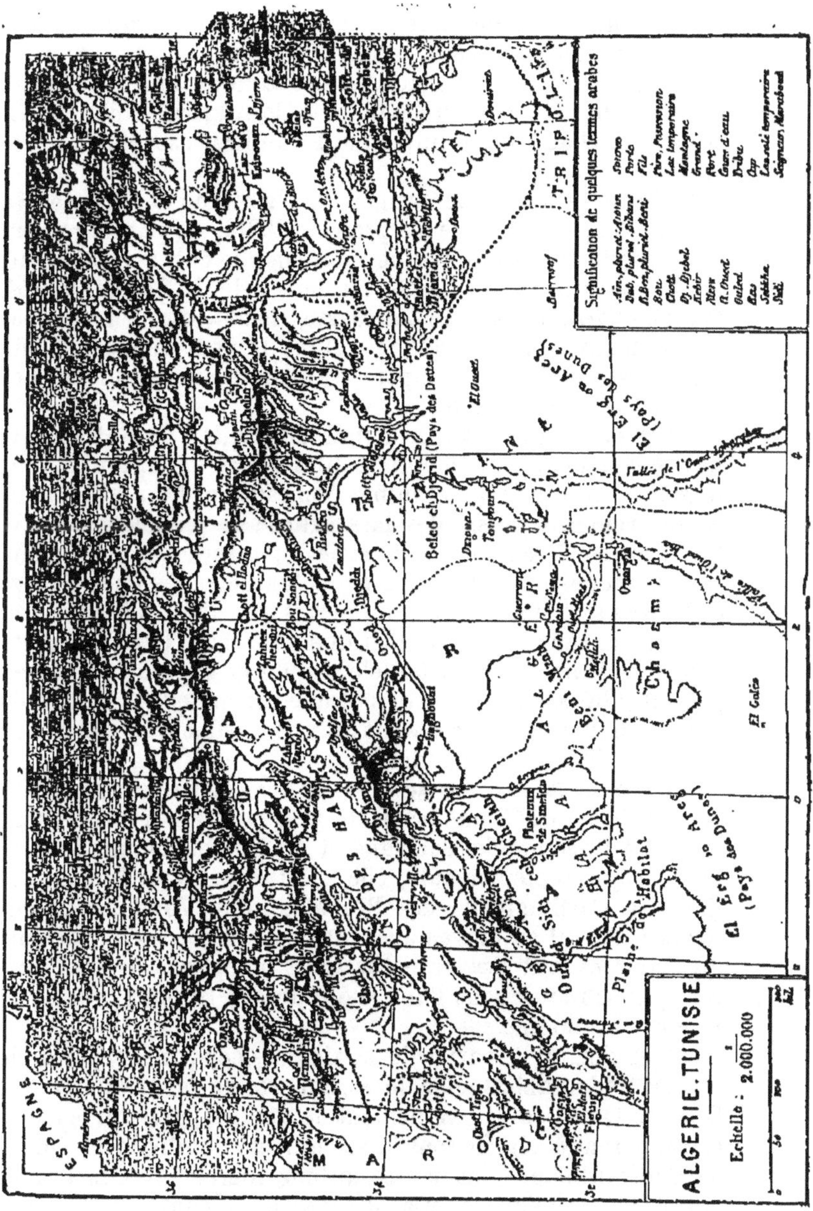
ALGERIE.TUNISIE
Echelle : 1/2.000.000
Signification de quelques termes arabes
ESPAGNE
Beled el Djerid (Pays des Dattes)
El Erg ou Areg (Pays des Dunes)

Carte XX.

le **Tell,** la région des forêts de chênes-lièges, des grandes
cultures : céréales, vignes, tabac, légumes, orangers et autres
arbres fruitiers, oliviers, etc... et des exploitations minérales :
mines de fer et de cuivre, carrières de marbre et d'onyx. Le
climat est chaud mais nullement insalubre, excepté dans les
régions marécageuses.

2° Entre le petit et le grand Atlas, la région des **Plateaux**
ou des steppes, couverte de prairies d'alfa, de pâturages qui
nourrissent des troupeaux de moutons, de chèvres, de bœufs
et de chevaux, et de *Chotts* ou lacs salés (*Chott-el-Rharbi*,
Chott-el-Chergui, lacs de *Zarés*, du *Hodna*, etc.). Le climat
des plateaux, brûlant quand souffle le vent du sud, le sirocco, est en général tempéré et même froid en hiver. Les
neiges y sont abondantes.

3° Dans le versant méridional de l'Atlas, le **Sahara,** le
pays des dattes, la région des sables et des oasis, où le dro-
madaire est le principal animal domestique. La région saha-
rienne renferme aussi des lacs salins ; le plus connu est le
Chott ou lac *Melrir*, qui fait partie d'une série de dépressions
situées au-dessous du niveau de la Méditerranée (lacs *Fedjidj*
et *Rharsa* en Tunisie), et qu'il serait possible d'inonder en
perçant un canal à travers l'isthme de Gabès (Tunisie). Cette
mer intérieure n'aurait toutefois qu'une superficie d'à peu
près 20,000 kilomètres carrés et une profondeur moyenne de
7 à 15 mètres, et n'exercerait qu'une médiocre influence sur
le climat du Sahara algérien.

Notions historiques. — L'Algérie correspond à l'ancienne *Numidie* et à une partie de la *Mauritanie* si intimement
mêlées à l'histoire de Carthage et de Rome. Comme le reste
de l'Afrique septentrionale, elle subit tour à tour la domination des Carthaginois, des Romains, des Vandales et des
Arabes, devint au moyen âge une dépendance de la sultanie
du Maroc et se divisa en petits États indépendants qui fini-
rent par se réunir sous l'autorité d'un *dey* (tuteur), vassal de
la Porte ottomane.

Alger devint, à partir du seizième siècle, un repaire de
pirates redoutables pour le commerce de la Méditerranée.
Charles-Quint essaya vainement de s'en emparer, et les deys
continuèrent à régner sous la suzeraineté nominale du sultan
de Constantinople, jusqu'à ce qu'une querelle avec la France
entraînât, en 1830, la prise d'Alger et la chute de ses sou-
verains.

La conquête de l'Algérie se poursuivit lentement sous le règne de Louis-Philippe Ier, sous la seconde république et sous

Fig. XXVII. — Panorama d'Alger.

le second empire. Dès 1843, la France était maîtresse du Tell ; la soumission de la région des plateaux, celle des oasis de la région septentrionale du Sahara algérien (1852-54), enfin, celle de la grande Kabylie (1858), peuvent être regardées comme les diverses étapes de la conquête.

Malgré les insurrections qui témoignent des haines et des espérances persistantes des populations indigènes, l'Algérie est entrée aujourd'hui dans la période d'organisation, et le travail administratif doit compléter l'œuvre militaire.

Géographie politique. — La colonie est administrée par un gouverneur civil, ayant sous ses ordres les autorités civiles et militaires et assisté d'un conseil de gouvernement et d'un conseil supérieur composés des chefs de service et des délégués des conseils généraux. L'Algérie est représentée dans nos Assemblées par des députés et des sénateurs, et les Français ou les étrangers naturalisés y jouissent des mêmes droits civils et politiques qu'en France. Elle se divise en trois provinces partagées en territoire civil et territoire militaire. Ce dernier, dont la population est presque entièrement arabe ou berbère, est divisé en circonscriptions ou cercles administrés par des chefs indigènes, sous la surveillance et la direction de l'autorité militaire française.

Le territoire civil, qui comprend à peu près toute la région du Tell, forme trois départements, soumis au régime administratif des départements français.

1° Département d'**Alger**, chef-lieu **Alger** (70,000 hab.), la ville la plus peuplée et le premier port d'Algérie, résidence du gouverneur général, sous-préfectures : *Miliunah*, au pied des premiers contreforts de l'Atlas, *Orléansville*, sur le Chélif, et *Tizi-Ouzou* en Kabylie : villes principales *Blidah*, dans la fertile plaine de la Mitidja, *Médéah*, *Cherchell* (port);

Fig. XXVIII. — Une rue d'Alger.

2° Département d'**Oran**, chef-lieu **Oran** (60,000 hab.), sur la Méditerranée; sous-préfectures : *Mascara*, *Tlemcen* dans l'intérieur, *Mostaganem* sur la côte, *Sidi-bel-Abbès*; villes principales *Arzeu*, sur le golfe du même nom, et *Saint-Denis-du-Sig*;

3° Département de **Constantine**, chef-lieu **Constantine**, sur le *Roummel*; sous-préfectures : les trois ports de *Bougie*,

Fig. XXIX. — Constantine.

de *Bône* et de *Philippeville*; *Sétif* et *Guelma*, sur les plateaux.

Les principales villes de la région des Plateaux et du Sahara sont :

1° Dans la province d'Alger : *Laghouat*, *Bou-Saada*, *Gardaïa*, *Ouargla*;

2° Dans la province d'Oran : *Daïa*, *Saïda*, *Géryville*;

3° Dans la province de Constantine : *Batna*, *Biskra*, *Tougourt*, au sud du lac *Melrir*.

Population. — La population totale (recensement de 1881) est de 3,310,000 habitants.

Les Kabyles ou plutôt les Berbères, de race pure ou mélangée avec les Arabes, comptent pour environ deux millions, les Arabes pour 8 ou 900,000. Les uns et les autres sont musulmans; mais le Kabyle est sédentaire, cultivateur habile et ouvrier intelligent, tandis que l'Arabe a conservé les habitudes d'oisiveté et les instincts nomades des tribus de pasteurs et de guerriers auxquelles remonte son origine. Les

israélites, considérés aujourd'hui comme citoyens français,
sont au nombre d'à peu près 35,000. Les Européens, con-
centrés dans le Tell, comptent 460,000 âmes contre 95,231
en 1845; dont 234,000 Français et 226,000 étrangers,
parmi lesquels dominent les Espagnols, les Italiens, les Mal-
tais et les Allemands. — La moyenne est de 20 habitants par kilom. carré, pour les 140,000 kilom. carrés du
Tell.

**Notions de géographie administrative. Che-
mins de fer.** — L'Algérie forme une région de corps
d'armée (19e corps), dont l'état-major réside à Alger. — Alger est également le siège d'un archevêché, dont dépendent
les évêchés d'Oran et de Constantine, d'une cour d'appel et
d'une académie. — Son budget, qui s'élève à 40 millions
environ, sans compter les dépenses militaires à la charge de
la France, est alimenté par des impôts spéciaux perçus sur
les indigènes et par les contributions qui pèsent sur les Européens.

Les communications sont encore assez imparfaites, et dans
le sud les routes ne sont guère que des sentiers de caravanes;
mais le Tell est sillonné par des routes nombreuses et par un
réseau de chemins de fer qui dépasse 1,800 kilomètres. Malgré les soulèvements des indigènes qui ont retardé les progrès de la colonisation, et les hésitations ou les erreurs des
divers gouvernements qui se sont succédé en France depuis
1830, l'Algérie est aujourd'hui la plus riche, la plus utile et
la plus solide de nos possessions extérieures. Située à 40 heures
de Marseille, elle n'est en quelque sorte qu'un prolongement
de la France sur la côte septentrionale de l'Afrique.

II

TUNISIE.

La **Tunisie** est bornée : au nord et à l'est par la Méditerranée, au sud par le Sahara et le pays de Tripoli, à l'ouest
par l'Algérie; elle est sillonnée par les chaînes de l'Atlas,
arrosée par quelques rivières, dont la plus importante est la
Medjerda; et la nature du climat et du sol est à peu près là
même qu'en Algérie (120,000 kil. carrés, 1,500,000 habitants, presque tous musulmans).

La capitale est **Tunis** (125,000 habitants), avec le port de
la *Goulette,* sur la Méditerranée, non loin des ruines de *Car-*

Fig. XXX. — Vue de Kairouan.

thage; les ports de *Bizerte,* sur la côte septentrionale, de *Souse,* de *Sfax* et de *Gabès,* sur le golfe de Gabès, ont une navigation assez active ; la ville de *Kairouan,* au sud de Tunis, a été longtemps la capitale.

Notions historiques. — La Tunisie correspond à l'ancien territoire de Carthage. Ce fut là que se fonda une des premières puissances maritimes et commerçantes de l'antiquité.

Après avoir détruit Carthage et fait de son territoire la province d'Afrique, les Romains ne tardèrent pas à la relever, et la Carthage impériale retrouva une partie de sa prospérité. Conquise par les Vandales, puis reprise par Justinien, elle ne fut enlevée à l'empire romain que par les Arabes qui la renversèrent pour toujours. *Kairouan,* qui lui succéda, devint la capitale de dynasties indépendantes qui eurent plus d'une fois à lutter contre les chrétiens. Saint Louis vint mourir sous les murs de Tunis ; Charles-Quint s'en empara, mais ne garda pas cette conquête, et, à la fin du seizième siècle, la Tunisie devint vassale de l'empire ottoman. Depuis le dix-huitième siècle elle se gouverne d'une manière à peu près indépendante. Le voisinage de l'Algérie, et la nécessité de réprimer les brigandages des tribus tunisiennes ont forcé la France, en 1881, à imposer son protectorat au bey de Tunis.

Productions. — La situation de la Tunisie sur la côte septentrionale de l'Afrique, au centre de la Méditerranée, à quelques heures de Malte et de la Sicile, à deux jours de Marseille, la douceur de son climat, ses richesses minérales, la fécondité de son territoire qui produit, presque sans culture, les céréales, le dattier, l'olivier, les arbres fruitiers ; ses vastes pâturages ; ses prairies d'alfa (1) et ses pêcheries de corail ont assuré de tout temps une haute importance commerciale à ce pays, qui, par sa proximité de l'Algérie, devait attirer d'une manière toute spéciale l'attention de la France.

La Tunisie compte environ 300 kilomètres de chemins de fer et 1,000 kilomètres de lignes télégraphiques.

III

AUTRES POSSESSIONS FRANÇAISES EN AFRIQUE.

1° La colonie du **Sénégal** (200,000 habitants) est située

---

(1) L'alfa est une plante qui croît en abondance sur les plateaux de l'Atlas et qu'on utilise pour la fabrication des nattes et surtout pour celle du papier.

Fig. XXXI. — Une mosquée à Kairouan.

sur la côte occidentale de l'Afrique, et occupe la vallée
d'un grand fleuve qui se jette dans l'Atlantique, le *Sénégal*.

Fig. XXXII.
Riz (hauteur de la
tige 1 mètre).

Fig. XXXIII.— Café. Branche et fruits
du caféier. (Le fruit est de la grosseur
d'une merise, l'arbre a 4 à 5 mètres
de hauteur.)

C'est un pays marécageux sur le littoral, accidenté dans
l'intérieur, dévoré par un soleil ardent et inondé par les
pluies qui, sous les tropiques, tombent périodiquement pendant plusieurs mois de l'année. Il produit surtout du coton,
des fruits oléagineux appelés arachides et des gommes. La
population indigène est noire et en grande partie musulmane.
La capitale est *Saint-Louis,* à l'embouchure du Sénégal; le
principal port est *Dakar* sur l'Atlantique. Nous possédons
également l'île de *Gorée*, située un peu plus au sud, et un
certain nombre de comptoirs à l'embouchure des principaux
cours d'eau, la *Casamance*, le *Rio-Nunez*, le *Rio-Pongo*, qui
arrosent la Sénégambie. Des postes échelonnés sur le Sénégal
(*Bakel, Médine, Bafoulabé*) nous assurent la domination du

haut fleuve et rattachent Saint-Louis à notre établissement de *Bamakou* sur le Niger, créé en 1882.

2° La France possède sur la côte occidentale d'Afrique, au sud du Sénégal, sur le littoral de la Guinée septentrionale,

Vue de Saint-Louis. (Sénégal.)

quelques comptoirs (*Assinie, Grand-Bassam, Ouidah, Porto-Novo*) : elle vient d'ajouter dans l'Afrique équatoriale à notre ancien établissement du *Gabon* (chef-lieu *Libreville*), un vaste territoire situé sur la rive droite du Congo et arrosé par les affluents de ce fleuve et par l'*Ogooué*. Vingt-quatre postes dont le plus important est *Brazzaville*, sur le Congo, y ont été fondés par M. *de Brazza*, l'un des plus hardis explorateurs de ces régions nouvelles. Les principaux produits sont les huiles de palme, le caoutchouc et l'ivoire.

3° Dans l'océan Indien, à l'est de l'Afrique, nous possédons quelques petites îles, *Mayotte, Nossi-Bé, Sainte-Marie-de-Madagascar*, voisines de la grande île de **Madagascar** (environ 680,000 kilomètres carrés), sur laquelle la France a des droits et dont elle occupe la partie septentrionale. Les côtes de Madagascar sont marécageuses et insalubres, mais l'intérieur est accidenté et couvert de bois et de pâturages. L'île nourrit beaucoup de bétail, et produit le riz, la canne à sucre, les fruits oléagineux, le coton. Les populations indigènes de race noire ont été en partie soumises par un peuple d'origine malaise, les Hovas, qui ont pour capitale *Tananarive* et pour port principal *Tamatave*, à l'est de l'île, récemment occupé par les Français.

Notre principale colonie dans l'océan Indien est jusqu'à présent une des îles *Mascareignes*, la **Réunion** ou **Bourbon** (180,000 habitants), capitale *Saint-Denis*, au sol volcanique et tourmenté, mais fertile. Sa richesse consiste surtout en plantations de cannes à sucre et de café, cultivées par des nègres ou par des émigrants venus des Indes et de la Chine. L'île de **France** (île *Maurice*) nous a été enlevée par les traités de 1815. Elle appartient aujourd'hui à l'Angleterre.

Enfin, dans le golfe d'Aden, à l'entrée du détroit de Babel-Mandeb, la France a pris possession de la baie d'**Obok** et de celle de *Tadjoura*.

RÉSUMÉ.

I

ALGÉRIE. — L'*Algérie*, possession française (5 à 600,000 kilomètres carrés), est bornée, au nord par la Méditerranée, à l'est par la Tunisie, au sud par le Sahara, à l'ouest par le Maroc. Elle correspond à l'ancienne *Numidie* et à une partie de la *Mauritanie* et fut tour à tour soumise par les Romains, les Vandales, les Arabes; les Turcs y exercèrent, à partir du seizième siècle, une souveraineté nominale. La France a achevé, en 1858, la conquête de l'Algérie, commencée en 1830 par la prise d'Alger.

Les chaînes de l'ATLAS traversent toute l'Algérie de l'ouest à l'est, et donnent naissance à un grand nombre de rivières, non navigables (*Seybouse, Roummel, Harrach, Tafna*), dont la plus considérable est le *Chélif*.

L'Algérie se divise en trois régions physiques : 1° de la Méditerranée aux sommets de l'Atlas septentrional, le *Tell*, région des céréales, de la vigne, de l'olivier, du tabac, des forêts de chênes-lièges, des mines de fer et de cuivre, des carrières de marbre ; 2° entre l'Atlas septentrional et l'Atlas méridional, la région des *Plateaux* ou steppes, couverts de lacs salés, de pâturages et de prairies d'alfa ; 3° au sud de l'Atlas, le *Sahara*, région des sables et des oasis.

La population totale est de 3,310,000 habitants, dont près de 460,000 européens et 2,850,000 indigènes, *Arabes* ou *Berbères* (Kabyles), de religion musulmane.

L'Algérie se divise en trois provinces, partagées en territoire civil et territoire militaire. Alger est la résidence du gouverneur général :

Le territoire civil forme trois départements :

1° Alger (70,000 hab.); sous-préfectures : *Milianah, Orléansville* et *Tizi-Ouzou*; ville principale, *Blidah.*

2° Oran ; sous-préfectures : *Mascara, Tlemcen, Mostaganem* et *Sidi-bel-Abbès.*

3° Constantine ; sous-préfectures : *Bône, Bougie, Philippeville, Guelma* et *Sétif.*

Les principales villes des hauts plateaux et du Sahara sont :

1° Dans la province d'Alger : *Laghoual* et *Ouargla*;

2° Dans la province d'Oran : *Saïda* et *Géryville*;

3° Dans la province de Constantine : *Batna, Biskra, Tougourt,* au sud du lac *Melrir.*

Les principaux ports de l'Algérie en communication régulière avec la France sont : Alger, Oran, Philippeville et Bône. — La longueur des chemins de fer exploités dépasse 1,800 kilomètres.

II

La Tunisie est située entre la Méditerranée au nord et à l'est, la Tripolitaine au sud, l'Algérie à l'ouest. La Tunisie formait autrefois le territoire de *Carthage,* la rivale de Rome. Les Romains en firent la province d'Afrique qui fut conquise par les Vandales, reprise par Justinien, puis définitivement enlevée à l'empire romain par les Arabes. Elle est aujourd'hui gouvernée par un bey, protégé de la France depuis 1881.

La capitale est Tunis (125,000 habitants) sur la Méditerranée, près des ruines de Carthage. Les principaux ports : la *Goulette,* port de Tunis, *Bizerte, Souse, Sfax* et *Gabès.* La Tunisie, dont le climat et le sol rappellent l'Algérie, produit surtout des céréales, des laines, des dattes, des huiles d'olive et de l'alfa.

· *Population.* — 1 500,000 habitants, Arabes et Berbères musulmans.

III

La France possède en outre sur la côte occidentale de l'Afrique, des établissements dans la vallée du SÉNÉGAL (capitale *Saint-Louis* sur le Sénégal; villes principales *Médine* et *Bafoulabé* sur le même fleuve), la ville de *Bamakou* sur le NIGER, l'île de *Gorée*, des comptoirs sur la côte de SÉNÉGAMBIE et de GUINÉE (*Dakar, Assinie, Grand-Bassam*), et un vaste territoire dans le bassin de l'Ogooué et du CONGO (villes principales, *Libreville*, chef-lieu de la colonie du *Gabon*, et *Brazzaville* sur le Congo). Les principaux produits de la côte occidentale sont les huiles de palmier, le caoutchouc et l'ivoire.

Dans l'océan Indien, les possessions françaises sont les îles de la RÉUNION ou de *Bourbon* (capitale *Saint-Denis*), *Mayotte, Nossi-Bé, Sainte-Marie-de-Madagascar*, et la baie d'*Obok* à l'entrée de la mer Rouge. La partie septentrionale de la grande île de MADAGASCAR est occupée par nos troupes qui l'ont enlevée aux *Hovas*.

Exercices

Carte de l'Algérie.
Carte de la Tunisie.
Carte des possessions françaises sur la côte occidentale de l'Afrique.

CHAPITRE X

POSSESSIONS FRANÇAISES EN ASIE, EN AMÉRIQUE ET EN OCÉANIE.

I

POSSESSIONS FRANÇAISES EN ASIE.

En **Asie,** la France ne conserve plus des vastes possessions qu'elle avait conquises dans l'**Inde** au dix-septième et au dix-huitième siècle, que quelques comptoirs sur l'océan Indien, *Pondichéry*, la capitale de nos possessions des Indes, *Karikal, Yanaon*, situés sur le golfe du Bengale, *Chandernagor*, dans le delta du Gange, et *Mahé* sur la mer d'Oman (280,000 hab.).

Elle a occupé de 1859 à 1867, en **Indo-Chine,** à l'embouchure du fleuve *Meï-Kong*, un grand territoire, la **Basse-Cochinchine,** au sol plat et marécageux, au climat chaud et humide, qui produit surtout du riz et des arachides. La Cochinchine, qui dépendait autrefois de l'empire d'Annam,

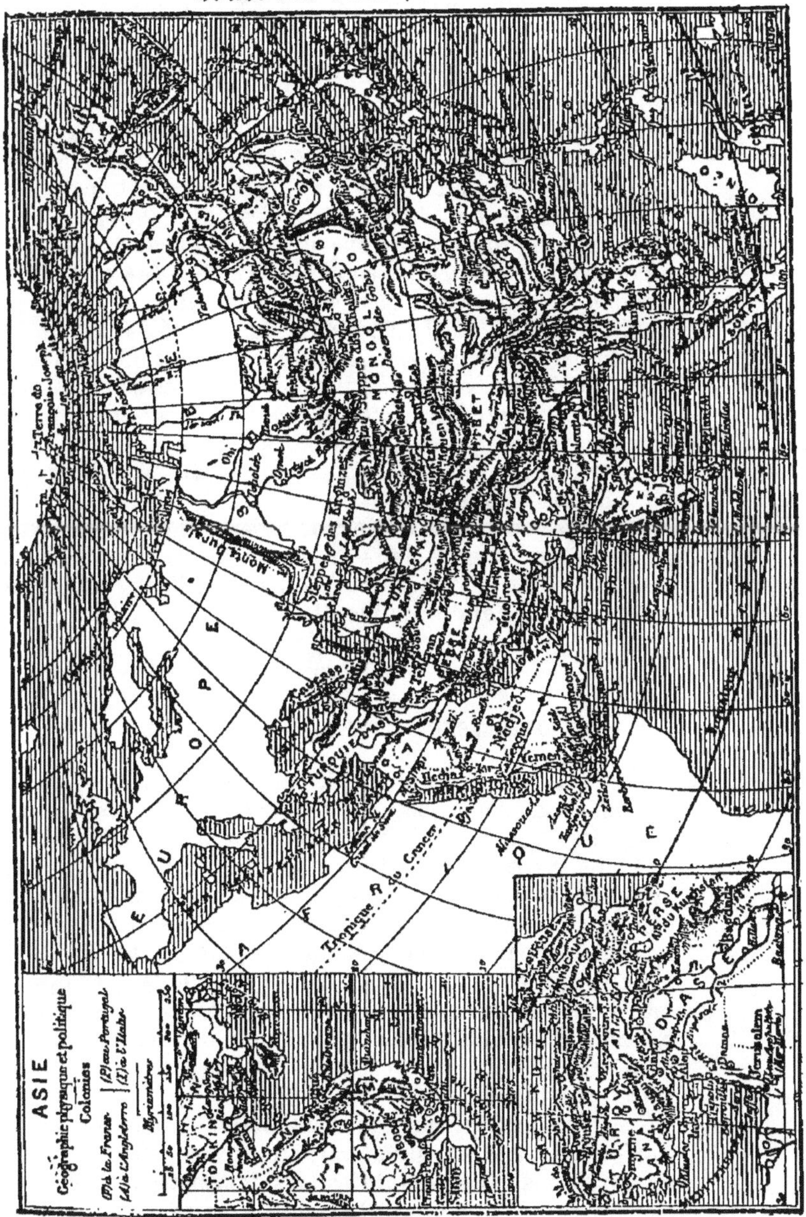

ASIE

Géographie physique et politique

Colonies

Carte XXI.

a pour capitale *Saigon*, sur un affluent du *Donnaï*, pour principales villes *Mytho*, dans le delta du Meï-Kong, et *Bien-Hoa*.

La population est de plus de 1,600,000 indigènes de race jaune, professant la religion bouddhiste et parlant une langue qui offre beaucoup d'analogie avec celle des Chinois.

Le royaume de **Cambodge** (capitale *Pnom-Pehn*) est placé sous le protectorat français; il a près de 900,000 habitants. Enfin des traités signés en 1883, 1884 et 1885 ont reconnu le protectorat français sur le royaume d'**Annam** (capitale *Hué*) et sur le **Tonkin**, capitale *Hanoï* sur le *Song-Tao* ou fleuve Rouge, v. pr. *Haïphong*, sur le golfe du Tonkin, dans le delta du *Song-Cau* qui se confond avec celui du fleuve Rouge, *Son-Tay*, *Bac-Ninh*, *Hong-Hoa*, *Lang-Son*, illustrées par les événements récents de la guerre contre les Chinois. La population totale de l'Annam et du Tonkin dépasse 18 millions d'habitants.

Le pays, en partie couvert de rizières et de forêts, est très accidenté sauf dans le delta du *Fleuve Rouge*. On y élève des vers à soie, de la volaille et des porcs, et l'on y exploite des mines d'or, d'étain et de houille.

II

POSSESSIONS FRANÇAISES EN OCÉANIE.

Les établissements français en Océanie comprennent la Nouvelle-Calédonie, occupée depuis 1853, les îles Marquises et les îles de la Société (Taïti) avec leurs dépendances.

1° La **Nouvelle-Calédonie**, longue de 300 kilom. et large de 50, est traversée par une chaîne de montagnes peu élevées qui donne naissance à de nombreux cours d'eau. Elle est habitée par une population indigène de race brune (*Kanaques*), qui compte environ 35,000 individus, y compris les indigènes des îles *Loyalty*. C'est aujourd'hui notre principale colonie pénitentiaire. La population européenne dépasse 18,000 individus, en y comprenant les transportés libérés astreints à la résidence.

La Nouvelle-Calédonie, bien qu'elle soit située dans la zone tropicale, jouit d'un climat salubre et très supportable pour les Européens. Elle produit les bois de construction et d'ébénisterie, le maïs, le tabac, la canne à sucre, les arachides et

autres plantes oléagineuses. Le bétail est assez nombreux.
On exploite des gisements de cuivre, de fer et surtout des
mines de nickel.

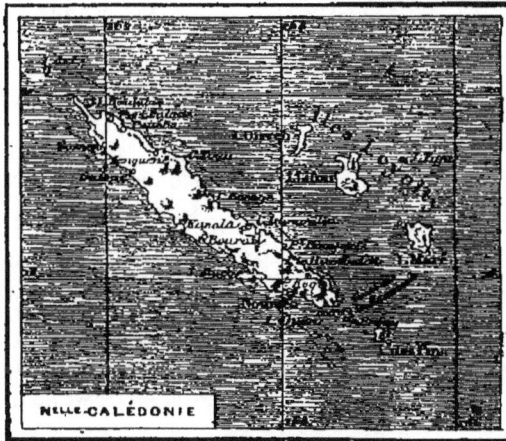

Carte **XXII.**

Les deux principaux ports sont *Balade* et *Nouméa*, chef-lieu
de la colonie.

L'île des *Pins* et le groupe des îles *Loyalty* dépend du
gouvernement de la Nouvelle-Calédonie.

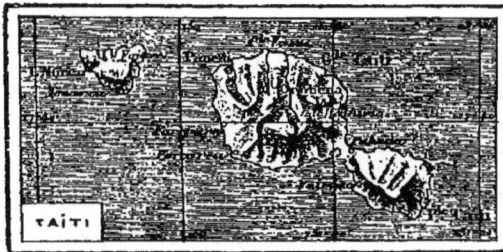

Carte **XXIII.**

Un certain nombre de Français se sont établis dans les
Nouvelles-Hébrides, au nord de la Nouvelle-Calédonie.

2° Le groupe des îles *Marquises*, dont la principale est Nouka-Hiva, est habité par 5 ou 6,000 indigènes, qui cultivent le tabac, le coton, l'indigo.

3° Le groupe des îles de la *Société*, important par sa position sur la route de l'Australie en Amérique, était soumis, depuis 1843, au protectorat de la France; l'annexion définitive a été prononcée en 1882.

L'île principale (104,000 hectares) est celle de **Taïti** (10,000 hab.), dont le chef-lieu *Papéiti* est en même temps le meilleur port.

Fig. XXXV. — Le cocotier (haut. de l'arbre, 20 à 25 mètres).

Les îles *Tuamotou* (*Pomotou*), *Gambier*, *Toubouaï* dépendent du gouvernement de Taïti.

La population totale de ces différents groupes ne dépasse pas 25,000 habitants.

Le climat est doux et salubre et le sol fertile; les oranges, les noix de coco et les coquilles de nacre sont les principaux objets d'exportation.

III

POSSESSIONS FRANÇAISES EN AMÉRIQUE.

1° Du vaste empire qu'elle possédait au dix-huitième siècle dans l'Amérique du Nord (île de Terre-Neuve, Canada, Louisiane), la France ne conserve plus que le droit de pêche sur le banc de Terre-Neuve, et trois îlots stériles, mais importants comme ports de refuge et d'approvisionnement pendant la saison de la pêche : *Saint-Pierre* et les deux *Miquelon* (210 kilomètres carrés, 5,500 habitants).

2° Nos possessions des **Antilles** sont plus importantes et forment deux gouvernements : celui de la Guadeloupe et celui de la Martinique; elles appartiennent à la France depuis le ministère de Richelieu.

La **Guadeloupe**, divisée en deux parties, Basse-Terre

et Grande-Terre, par un étroit bras de mer, la Rivière-Salée, offre tous les contrastes des terres volcaniques : au nord une plaine aride, au centre des cratères couronnés de forêts, sur les côtes des terrains fertiles et bien arrosés. Sa superficie est de 160,000 hectares et sa population de 145,000 habitants, dont un vingtième de race blanche, et les autres noirs, mulâtres ou immigrants chinois.

Le siège du gouvernement est *Basse-Terre* (18,000 hab.); mais la principale place de commerce est le port de *Pointe-à-Pitre* (21,000 habitants.)

La **Désirade**, **Marie-Galante**, le groupe des **Saintes** et l'île **Saint-Barthélemy** rétrocédée à la France par la Suède, renferment 15 à 16,000 habitants; elles dépendent du gouvernement de la Guadeloupe.

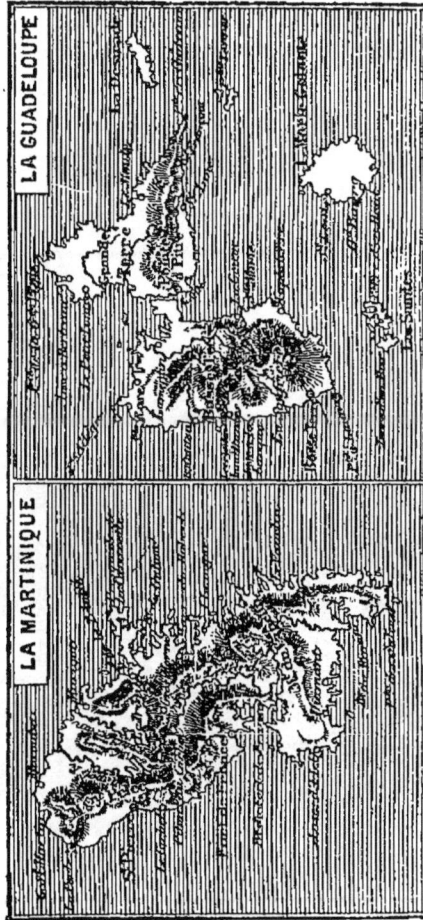

Carte XXIV.

La France possède une partie de l'île **Saint-Martin** (4,000 hab.) qu'elle partage avec la Hollande.

3° La **Martinique**, située à 110 kilomètres au sud de la Guadeloupe, forme un gouvernement distinct. Sa superficie est de 99,000 hectares et sa population de 167,000 habi-

Fig. XXXVI. — Vue de Basse-Terre.

tants, dont 13,000 de race blanche et 154,000 de race noire ou métis. Couverte au centre de montagnes, de volcans éteints et de forêts impénétrables, mais bien arrosée et fertile sur les côtes, la Martinique possède deux ports qui figurent parmi les plus sûrs des Antilles, *Saint-Pierre*, chef-lieu d'un des deux arrondissements (26,000 h.), et *Fort-de-France* (15,000 h.), chef-lieu du gouvernement, siège d'une cour d'appel et d'un évêché.

Les grandes cultures des Antilles françaises sont la canne à sucre et le café. La distillation du rhum (eau-de-vie de canne à sucre) est, avec le raffinage du sucre, leur principale industrie.

4° La France possède, depuis le milieu du dix-septième siècle, sur les côtes de l'Amérique du Sud un vaste territoire, borné au sud par le Brésil, au nord et à l'ouest par la Guyane hollandaise, à l'est par l'océan Atlantique : c'est la **Guyane** française.

La Guyane est une colonie pénitentiaire, analogue à celle que l'Angleterre fonda en Australie à la fin du siècle dernier. Sa superficie explorée est d'environ 75,000 kilomètres carrés. La population totale est de 26,000 habitants, parmi lesquels 2,000 transportés, 16,000 nègres ou indiens, 5,000 immigrants noirs, indous ou chinois, et 3,000 blancs, soldats, fonctionnaires, commerçants ou planteurs.

La côte, basse et insalubre, est cependant la seule région occupée et cultivée : dans l'intérieur, qu'arrosent de nombreux cours d'eau, le *Maroni*, l'*Oyapoc*, etc..., errent, au milieu des savanes ou des plateaux couverts de forêts immenses, des tribus indiennes, encore sauvages, et dont on ignore le nombre.

Le chef-lieu de la colonie est *Cayenne*, mauvais port dans une île marécageuse.

RÉSUMÉ.

I. La France n'a conservé du vaste empire qu'elle possédait aux Indes, dans la première moitié du dix-huitième siècle, que cinq comptoirs dont le principal est *Pondichéry*, sur le golfe du Bengale.

Dans l'Indo-Chine elle possède les provinces de la *Basse-Cochinchine*, capitale *Saïgon*, sur un affluent du *Donnaï*; v. pr. *Mytho*, dans le delta du *Mëi-Kong*. La population dépasse 1,600,000 habitants de race jaune et de religion bouddhiste.

Le riz est la principale culture.

Fig. XXXVII. — Vue de Cayenne.

La France exerce en outre un protectorat sur le royaume du
Cambodge (900,000 habitants), sur le royaume d'*Annam* (capitale
Hué) et sur une dépendance de l'Annam, la province de *Tonkin*

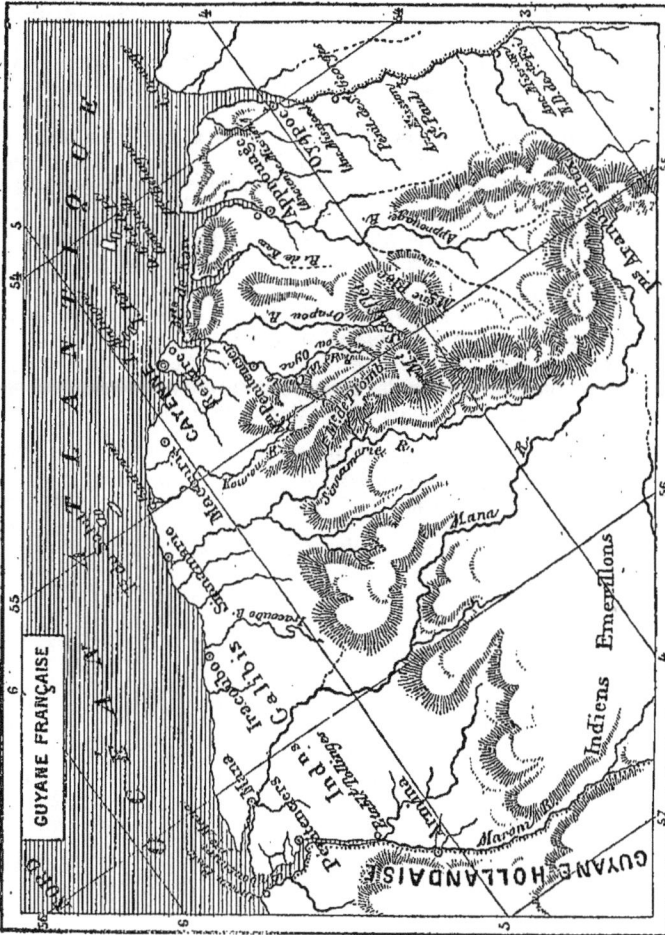

Carte XXV.

(villes principales : *Hanoï*, *Son-Tay*, sur le *Fleuve-Rouge*,
Haïphong dans le delta du *Song-Cau*), riche en mines de houille,
en forêts et en produits agricoles, tels que le riz, etc.

La population totale de l'Annam est évaluée à 18 millions.

II. En Océanie la France possède la *Nouvelle-Calédonie*, colonie pénitentiaire (capitale *Nouméa*) riche en mines de nickel, l'île des *Pins* et les îles *Loyalty* (en tout 20,000 kilomètres carrés, 53,000 habitants dont 35,000 indigènes Kanaques) ;

Le groupe des îles *Marquises* ou *Nouka-Hiva* ;

Le groupe des îles *Taïti* (capitale *Papéïti*), *Tuamotou*, *Gambier* et *Toubouaï* (population totale 25,000 habitants).

III. Dans l'Amérique du Nord, il ne reste à la France que le droit de pêche sur le banc de *Terre-Neuve* et les petites îles de *Saint-Pierre* et *Miquelon*.

Dans les **Antilles** elle possède les deux îles de la **Martinique** (167,000 hab.), cap *Fort-de-France*, v. pr. *Saint-Pierre*, et de la **Guadeloupe**, cap. *Basse-Terre*, v. pr. *Pointe-à-Pitre*, avec ses dépendances, la *Désirade*, *Marie-Galante*, les *Saintes*, *Saint-Barthélemy* et une partie de *Saint-Martin* (population totale 165,000 hab.). La canne à sucre et le café sont les principales cultures.

Dans l'Amérique du Sud, la **Guyane** française, (26,000 hab.), cap. *Cayenne*, est une colonie pénitentiaire.

L'étendue des colonies et des protectorats français dans toutes les parties du monde dépasse 1,001,000 kilomètres carrés, et la population atteint 30 millions d'habitants.

Exercices.

Carte de l'Indo-Chine française.
Carte des Antilles françaises.
Carte de la Guyane française,
Planisphère indiquant la situation des colonies françaises.

TABLE DES MATIÈRES

INTRODUCTION, NOTIONS GÉNÉRALES

LIVRE I

DESCRIPTION PHYSIQUE DE LA FRANCE

LIVRE II

GÉOGRAPHIE POLITIQUE

TABLE DES CARTES

TABLE DES FIGURES